Olof Hammarsten

Zur Kenntniss der Lebergalle des Menschen

Olof Hammarsten

Zur Kenntniss der Lebergalle des Menschen

ISBN/EAN: 9783743362178

Hergestellt in Europa, USA, Kanada, Australien, Japan

Cover: Foto ©berggeist007 / pixelio.de

Manufactured and distributed by brebook publishing software
(www.brebook.com)

Olof Hammarsten

Zur Kenntniss der Lebergalle des Menschen

ZUR

KENNTNISS DER LEBERGALLE DES MENSCHEN

VON

OLOF HAMMARSTEN.

(Mitgetheilt der Königl. Gesellschaft der Wissenschaften zu Upsala am 15 Juni 1893).

.

UPSALA 1893,
DRUCK DER AKADEMISCHEN BUCHDRUCKEREI,
EDV. BERLING.

Ganz frische Menschengalle ist bisher nur verhältnissmässig selten analysirt worden. Die ausführlichsten und zuverlässigsten der bisher veröffentlichten Analysen von Blasengalle sind diejenigen von TRIFANOWSKI[1]), SOCOLOFF[2]) und HOPPE-SEYLER[3]). Diese Analysen beziehen sich indessen alle nur auf solche Galle, welche der Blase von Leichen bei der Section entnommen wurde. Nur die älteren, weniger ausführlichen Analysen von FRERICHS[4]) und v. GORUP-BESANEZ[5]) beziehen sich auf ganz frische Blasengalle, welche von Hingerichteten oder durch Unglücksfälle Verstorbenen stammte. Wenn man also bisher nur selten Gelegenheit gehabt hat, ganz frische Blasengalle von Gesunden zu analysiren, so kann es gewiss nicht auffallend erscheinen, wenn die Fälle, in welchen menschliche Lebergalle analysirt werden konnte, ebenfalls nur wenige sind. Im Ganzen sind mir auch in der That nur fünf solche Fälle bekannt.

In dem ersten dieser Fälle wurde die Galle in Zwischenräumen von wenigen Tagen durch eine mehrere Wochen lang offene Gallenfistel einem kräftigen Manne entnommen. Die Analyse, welche von O. JACOBSEN[6]) ausgeführt wurde, ergab für die Galle einen Gehalt an festen Bestandtheilen zwischen 2,24 und 2,28 %. Im festen Rückstande der Galle wurden gefunden in 100 Gewichtstheilen.

In Aether und Alkohol unlösliche Stoffe 10,00
Glykocholsaures Natron 44,80
Palmitinsaures und stearinsaures Natron . . . 6,40
Fett mit ölsaurem Natron 0,44

---

[1]) Pflügers Archiv Bd 9. 1874.
[2]) Pflügers Archiv Bd 12. 1875.
[3]) Physiologische Chemie. Berlin 1881. S. 301.
[4]) Hannover. Ann. Jahrg. V. Heft I.
[5]) Lehrbuch der physiol. Chemie 3. Aufl.
[6]) Ber. d. deutsch. chem. Gesellschaft Bd VI.

Cholesterin .	2,49
Lecithin .	0,21
KCl . . .	1,276
NaCl .	24,508
Na_3PO_4 .	5,984
$Ca_3(PO_4)_2$.	1,672
Na_2CO_3	4,180

Besonders bemerkenswerth ist es, dass die Galle in diesem Falle ausschliesslich Glykocholsäure und keine Taurocholsäure enthielt.

Der zweite Fall ist von YEO und HERROUN[1]) mitgetheilt worden. Es handelte sich hier um ein Weib, dessen Ductus choledochus durch Leberkrebs verschlossen war. Die Patientin war sehr heruntergekommen. Die durch die Fistel entleerte Galle enthielt 1,284 % feste Stoffe und hatte im Übrigen folgende Zusammensetzung in 100 Theilen.

Cholesterin	
Lecithin	0,038
Fett	
Glykocholsaures Natron . . .	0,165
Taurocholsaures Natron	0,055
Mucin, Pigment, Epithelzellen	0,148
Mineralstoffe	0,8408
Chloride	0,7168

Der dritte Fall, von COPEMAN and WINSTON[2]), betraf eine sonst gesunde Frau mit totalem Verschlusse des Ductus choledochus durch einen Gallenstein. Die durch die Fistel aufgefangene Galle enthielt 1,423 % feste Stoffe und hatte im Übrigen folgende Zusammensetzung in 100 Theilen.

Cholesterin, Lecithin, Fett	0,099
Gallensaure Salze	0,628
Mucin, Pigment, Epithelzellen	0,173
Mineralstoffe	0,451

Der vierte Fall rührt von MAYO ROBSON[3]) her und er betraf eine Frau, welche wegen Verschluss des Gallenganges durch Gallensteine operirt worden war. Die chemische Analyse, welche von FAIRLEY ausgeführt wurde, ergab Folgendes. Die untersuchte Galle hatte einen

---

[1]) Journal of Physiology Vol. V. 1884.
[2]) Journal of Physiology Vol. X. 1889.
[3]) Proc. of Roy. Soc. 47.

Gehalt von 1,801 % festen Stoffen und folgenden Gehalt an den verschiedenen Bestandtheilen in 100 Theilen.

Cholesterin	0,045
Fett	0,012
Glykocholsaures Natron	0,751
Taurocholsaures Natron	0,009
Seifen	0,097
Mucin, Pigment, Epithelzellen	0,130
Mineralstoffe	0,758
Chloride	0,501

Der fünfte, in mehreren Hinsichten von NoëL PATON and J. M. BALFOUR[1]) sorgfältig studirte Fall betraf eine wegen Gallensteine operirte 51 Jahre alte Frau. Die Galle wurde zu verschiedenen Zeiten mehr oder weniger vollständig analysirt, und die Verfasser theilen 2 verhältnissmässig vollständige Analysen (vom 1:sten und 7:ten September 1891) mit. Die Zusammensetzung, auf 100 Theile berechnet, war folgende.

	1	2
Feste Stoffe	1,19194	1,527
Cholesterin	0,053	
Lecithin		0,075
Fett	0,0091	
Glykocholsäure	0, 356	
Taurocholsäure	0,04914	0,349
Fettsäuren	0,015	
Mucin, Pigment, Epithelzellen	} 0,7096	0,461
Mineralstoffe		0,6415

Ausser in den nun erwähnten fünf Fällen sind, wie oben gesagt, keine weiteren Analysen von menschlicher Lebergalle mir bekannt. Es war indessen zu erwarten, dass mit den grossen Fortschritten der operativen Chirurgie in der letzten Zeit auch die Gelegenheit zur Gewinnung von menschlicher Lebergalle sich öfters darbieten würde. Dank der grossen Freundlichkeit meines hochverehrten Freundes und Collegas Herrn Professor LENNANDERS bin ich auch in der Lage gewesen, in den letzten 4 Jahren die Lebergalle von sieben, aus der hiesigen chirurgischen Klinik stammenden Fällen von Gallenfisteln untersuchen zu können.

Ich werde jeden dieser sieben Fälle in der Folge gesondert abhandeln, bevor ich aber zu der ausführlicheren Besprechung derselben

---

[1]) Rep. Lab. Roy. Coll. Phys. Edinburg III.

übergehe, will ich zuerst einige Bemerkungen über einige qualitative
Reactionen der untersuchten Gallen wie auch über das Verfahren bei
der quantitativen Analyse derselben vorausschicken.

Von den 7 untersuchten Gallen stammten 5 von Frauen und nur
2 von Männern her. Die Galle, welche, wenn nichts Anderes ausdrück-
lich bemerkt wird, reine Lebergalle war, floss direkt durch die Canyle
in eine reine Flasche hinein, und jedesmal wurde die, so weit möglich,
aufgesammelte Tagesmenge (24 Stunden) gemessen und dann weiter
verarbeitet. Bei mehreren Gelegenheiten war es hierbei nicht möglich,
eine Aufnahme von Galle von dem Verbande zu verhindern; und andererseits war es ja auch aus Humanitätsrücksichten geboten, den Ueber-
tritt der Galle in den Darm und die Heilung der Fistel möglichst zu
befördern. Aus diesen Gründen musste auf ein vollständiges Aufsammeln der 24-stündigen Gallenmenge verzichtet werden. Die unten angegebenen Zahlen für die Gallenmenge geben also nur die thatsächlich
aufgesammelte Gallenmenge an, und sie liefern also im Allgemeinen
keine brauchbaren Zahlen für die Berechnung der Grösse der Gallen-
absonderung. Dass sie dagegen in einzelnen Fällen nicht ohne Bedeutung sind, dürfte aus dem später anzuführenden hervorgehen.

Mit Rücksicht auf die qualitativen Reactionen der untersuchten
Gallen will ich zuerst die Farbe derselben besprechen. In allen 7 Fällen war die Lebergalle schön rothgelb oder gelbbraun; und kein einzi-
ges Mal, trotzdem die Farbe nicht nur jeden Tag sondern auch wiederholt während des Aufsammelns beobachtet wurde, kam eine ganz frische,
grüne Galle zur Beobachtung. Ich bemerke dies besonders mit Rücksicht auf eine Arbeit von HAYCRAFT und SCOFIELD[1]. In dieser Arbeit
behaupten die genannten Forscher zwar nicht, dass die Lebergalle des
Menschen eine grünliche Färbung hat; aber sie lenken die Aufmerksamkeit darauf, dass nach Angaben anderer Forscher »menschliche Galle»
grün ist. Sie suchen ferner zu zeigen, dass in der Gallenblase geschlach-
teter Thiere Zeichen einer Reduction des Biliverdins zu Bilirubin zu
sehen sind, und sie finden es deshalb nicht unwahrscheinlich, dass während der Lebzeit eine Reduction des Biliverdins stattfindet. Auf Grund
der Beobachtungen dieser Forscher könnte man also vielleicht geneigt
sein anzunehmen, dass die Lebergalle Biliverdin enthält, welches in der
Blase zu Bilirubin reduzirt wird. Dies war indessen, wenigstens in den

---

[1] Beitrag zur Farbenlehre der Galle. Zeitschrift für physiologische Chemie
Bd. XIV. 1890.

von mir beobachteten Fällen, nicht der Fall. In zwei Fällen habe ich
von derselben Person sowohl Blasengalle wie Lebergalle erhalten; jene
war grün, diese dagegen gelbbraun, in dünneren Schichten schön gold-
gelb. Herr Professor Lennander, welcher auf meiner Veranlassung diese
Verhältnisse bei der Operation besonders studirte, hat mir mitgetheilt,
dass selbst wenn die aus der Blase entleerte Galle mehr oder weniger
grün war, die direct aus dem Ductus hepaticus hervorquellende Lebergalle dagegen eine gelbe Farbe hatte. Ich kann also bestimmt behaupten, dass in keinem der von mir beobachteten Fälle die Lebergalle
mit grünlicher Farbe abgesondert wurde. Dagegen habe ich natürlich
nicht selten eine grünliche Färbung solcher Lebergalle beobachtet, die
einige Zeit mit der Luft in Berührung gewesen war.

Der wesentlichste Farbstoff der untersuchten Gallen war Bilirubin.
Von Biliverdin kamen auch, wie eben bemerkt, nachdem die aufgesammelte Galle einige Zeit in der Flasche gestanden hatte, kleine Mengen vor. Ausser diesen Farbstoffen war in der Galle in 6 Fällen von
7 auch ein der Urobilingruppe angehörender Farbstoff vorhanden. In
diesen Fällen zeigte nämlich die Galle bei der spektroskopischen Untersuchung einen mehr oder weniger deutlichen Absorptionsstreifen zwischen
den Frauenhoferschen Linien b und F. Dieser Streifen war zwar in
einigen Fällen wegen der gleichzeitig anwesenden reichlichen Bilirubin-
mengen weniger deutlich zu sehen; aber ich konnte ihn auch in diesen
Fällen leicht auf einem Umweg besser sichtbar machen. Ich versuchte
nämlich die Galle mit Thierkohle zu entfärben und fand dabei, dass das
Bilirubin leicht entfernt werden konnte, während der Urobilinfarbstoff
nur schwer von den Kohlen aufgenommen wurde. Durch partielle Entfärbung konnte ich also ein Filtrat erhalten, welches gelblich, in dickerer
Schicht bräunlich gelb und in sehr dünner Schicht gelblich mit einem
Stich ins' Rosa war. Dieses Filtrat zeigte direkt oder nach genügender
Concentration den fraglichen Absorptionsstreifen. Nach Zusatz von
$ZnCl_2$ und NH_3 wurde eine sehr schöne Urobilinreaction mit prachtvoll
grüner Fluorescenz erhalten. Eine fast ebenso schöne Reaction trat indessen mit $ZnCl_2$ allein ohne NH_3-zusatz auf. Zusatz von $ZnCl_2$ und
NH_3 zu der Galle direkt konnte dagegen selbstverständlich nicht in
Frage kommen, weil dabei das rasch auftretende charakteristische Spek-
trum des veränderten Bilirubins die Beobachtung des Urobilinstreifens
unmöglich machte.

Bezüglich des Vorhandenseins von Farbstoffen verhielten sich
also die untersuchten Lebergallen in den meisten Fällen wie die von

mir vor mehreren Jahren untersuchte Blasengalle eines Enthaupteten[1]). In den unten zu besprechenden, von mir untersuchten 2 Blasengallen habe ich dagegen das Urobilinpigment nicht nachweisen können. In diesen Fällen handelte es sich indessen um eine in der Blase längere Zeit eingeschlossene Galle, welche so reich an Biliverdin war, dass die Entfärbung erst nach Verdünnung und Anwendung von sehr viel Kohle möglich wurde. In diesen Fällen wurde wahrscheinlich das etwa vorhandene Urobilin ebenfalls von den grossen Mengen Kohle absorbirt.

Die Gallensäuren der Menschengalle scheinen bekanntlich verschiedener Art zu sein. Nach SCHOTTEN[2]) erhält man also bei der Zersetzung der Menschengalle neben gewöhnlicher Cholalsäure die von ihm als Fellinsäure bezeichnete Cholalsäure. Ueber die gepaarten Gallensäuren der Menschengalle liegen indessen nur spärliche Angaben vor. Bei der von mir im Jahre 1878 vorgenommenen Untersuchung der Galle eines Hingerichteten[3]) machte ich die Beobachtung, dass diese Galle eine Glykocholsäure enthielt, welche von der gewöhnlichen verschieden war. Ihr neutrales Salz wurde nämlich von $BaCl_2$ gefällt; der Niederschlag löste sich in siedendem Wasser und schied sich beim Erkalten der Lösung wieder aus. Ich habe seitdem bei mehreren Gelegenheiten, wo ich ganz frische menschliche Blasengalle zur Untersuchung erhielt, meine Aufmerksamkeit auf das Verhalten der Galle zu dem obigen Reagenze geprüft und dabei gefunden, dass die Menschengalle in qualitativer Hinsicht bei verschiedenen Gelegenheiten etwas verschieden sich verhält.

Die rein dargestellten gallensauren Salze aller von mir untersuchten Menschengallen wurden von verdünnten Mineralsäuren gefällt. Ebenso wurden sie gefällt von Kupfersulfat, Silbernitrat, Eisenchlorid und Bleizucker. Verdünnter Essigsäure wie auch den Chloriden der Erdalkalien gegenüber verhielten sie sich dagegen nicht alle gleich, und man kann in dieser Beziehung zwischen zwei Gruppen von gallensauren Alkalien unterscheiden. Die gallensauren Salze der einen Gruppe werden schon von wenig Essigsäure gefällt und sie geben mit $BaCl_2$ oder $CaCl_2$ Niederschläge, die in siedendem Wasser löslich sind und beim Erkalten sich wieder ausscheiden. Die der anderen Gruppe dagegen werden von

---

[1]) OLOF HAMMARSTEN. Ett bidrag till kännedomen om menniskans galla. Upsala Läkareförenings Förhandlingar Bd XIII. 1878.

[2]) Zeitschr. f. physiol. Chemie Bd 11. 1887. .

[3]) Upsala Läkareförenings Förhandlingar Bd XIII. 1878.

Essigsäure nicht oder nur von einem grossen Überschusse derselben gefällt, und sie geben mit den Chloriden der Erdalkalien keine Niederschläge. Unter den von mir untersuchten Lebergallen gehörten 4 zu der ersten und 3 zu der zweiten Gruppe. Die von mir in diesem Aufsatze besprochenen Blasengallen gehörten alle zu der zweiten Gruppe. Welcher Art die durch Erdalkalisalze fällbare Säure ist, ob sie vielleicht die Glykocholsäure der Fellinsäure darstellt oder eine andere Säure ist, habe ich noch nicht entscheiden können.

Meinen früheren Erfahrungen entsprechend war es auch in den nun untersuchten Fällen nicht besonders schwer, die Gallensalze in Krystallen zu erhalten. In einigen Fällen war allerdings etwas grössere Sorgfalt bei der Arbeit nothwendig. Sämmtliche Gallen enthielten sowohl Glykocholsäure wie Taurocholsäure, erstere regelmässig in bedeutend grösserer Menge als die letztere.

Bevor ich die Gallensäuren verlasse, habe ich noch eine Bemerkung zu machen.

Bei einer noch nicht veröffentlichten Untersuchung über die Galle eines Haifisches (Scymnus borealis) habe ich die Beobachtung gemacht, dass diese Galle, deren gallensaure Alkalien reich an Schwefel sind, die Hauptmasse des Schwefels nicht als Taurocholsäure sondern als Aetherschwefelsäure enthält. Es lag also die möglichkeit nahe, dass auch bei anderen Theiren nicht sämmtlicher in den gallensauren Salzen gefundener Schwefel in der Taurocholsäure enthalten ist, und aus diesem Grunde schien es mir nothwendig zu sein, auch die Menschengalle auf einen etwaigen Gehalt an Aetherschwefelsäuren zu untersuchen. Diese Untersuchung ist nun in einigen Fällen entschieden positiv ausgefallen, wie aus dem Folgenden ersichtlich werden wird. Die Art und Weise, wie ich bei dieser Untersuchung verfuhr, dürfte indessen passender bei der Besprechung des quantitativen analytischen Verfahrens beschrieben werden.

Die Lebergalle enthält ohne Ausnahme eine nicht unbedeutende Menge Schleim. Dieser Schleim besteht regelmässig, wenigstens zum Theil, aus wahrem Mucin. Ich habe nämlich in jedem der beobachteten 7 Fälle das mit Alkohol sorgfältig ausgekochte Mucin mit verdünnter Säure gekocht und dabei nur mit Ausnahme von einem Falle eine reduzirende Substanz erhalten. Die Lebergalle des Menschen verhält sich also in der Regel bezüglich des Schleimes anders als die Blasengalle von Rindern. Während nämlich die letztere nach Paijkull[1]) fast ausschliess-

---

[1]) Ueber die Schleimsubstanz der Galle. Zeitschrift f. physiol. Chemie Bd. 12.

lich Nucleoalbumin mit nur äusserst wenig ächtem Mucin enthält, so
findet man dagegen in der Menschengalle reichlich echtes Mucin. Ob
sie daneben auch ein Nucleoalbumin enthielt, habe ich nicht näher
geprüft und ich muss dies also dahingestellt sein lassen. Das echte
Mucin der Lebergalle stammt vielleicht von den in den Gallengängen
vorhandenen Drüsen her. Dass die von mir untersuchte Blasengalle
ebenfalls wahres Mucin enthielt, kann nicht auffallend erscheinen, da
nämlich diese Blasengalle stagnirte Lebergalle war.

Bei der quantitativen Analyse der zur Untersuchung erhaltenen
Gallen verfuhr ich in der Hauptsache nach den in dem Handbuche von
HOPPE-SEYLER gegebenen Vorschriften. Im Wesentlichen kann ich also
auf diese Vorschriften verweisen, muss aber dennoch einige Bemerkungen vorausschicken.

Da die Blasengalle regelmässig eine an festen Stoffen ziemlich
reiche Flüssigkeit ist, so können von ihr gewöhnlich etwa 50 Cc zu einer
quantitativen Analyse hinreichend sein. Anders verhält es sich aber
mit der Lebergalle. Sie enthält oft nicht mehr als 1,5—2 % feste
Stoffe. Von diesen kommen etwa 0,7—0,8 % auf Rechnung der Mineralstoffe, und es bleibt also für die organischen Bestandtheile oft weniger
als 1 % übrig. Wenn man sich nun vergegenwärtigt, dass die Menschengalle regelmässig arm an der schwefelhaltigen Taurocholsäure ist, so
findet man leicht, dass zu einer hinreichend genauen Bestimmung dieser
Säure allein schon eine Menge von mindestens 1 gm gallensauren Salzen
erforderlich ist. Zur Prüfung auf Aetherschwefelsäuren, bezw. zur quantitativen Bestimmung derselben, ist wiederum mindestens dieselbe
Menge nothwendig, und hierzu kommt noch, dass man in einer dritten
Portion die Menge der Seifen und in einer vierten die Menge der den
gallensauren Alkalien regelmässig beigemengten Chloralkalien bestimmen
muss. Behufs einer genauen Analyse des mit Aether in der alkoholischen Lösung erzeugten, hauptsächlich aus gallensauren Salzen bestehenden Niederschlages muss also die Menge des letzteren mindestens
zwischen 3 und 4 gm betragen. Da nun aber die Gewichtsmenge der
in Alkohol löslichen, in Aether unlöslichen Stoffe in den von mir untersuchten Lebergallen in den meisten Fällen etwa 1 % bis 0,5 % oder
sogar weniger betrug, so ist es leicht ersichtlich, dass ich im Allgemeinen grosse Mengen Galle in Arbeit nehmen musste.

Ich verfuhr hierbei bei verschiedenen Gelegenheiten etwas verschieden. Wenn die Tagesmenge der Galle so gross war, dass ich im
Laufe von etwa 3—4 Tagen die zur Analyse nöthige Menge aufsammeln

konnte, so wurde jede Tagesportion einfach in einer verschlossenen Flasche in Eis aufbewahrt, bis die erforderliche Quantität gewonnen war. Nachdem ich mich davon überzeugt hatte, dass in keiner Flasche eine Zersetzung der Galle eingetreten war, wurden sämmtliche Gallenportionen sorgfältig mit einander vermischt und dann, wenn nöthig, centrifugirt. Das Centrifugiren schien mir nämlich in solchen Fällen ganz nothwendig zu sein, in welchen die Galle zähere Massen oder Klümpchen enthielt, welche nicht fein und gleichförmig zertheilt werden konnten und welche also leicht zu Fehlern bei dem Abwägen oder Abmessen der verschiedenen Gallenportionen führen könnten. In diesen Fällen wurde also nur die nach dem Centrifugiren von dem Bodensatze klar abgehobene Galle zu der Analyse verwendet, und zwar erst nachdem der Inhalt der verschiedenen Centrifugeröhren genau gemischt worden war.

Man kann hier einwenden, dass die Analysenzahlen in diesen Fällen eigentlich nicht auf die Galle in ihrem ursprünglichen Zustande sich beziehen und dass also namentlich die Zahlen für die in Alkohol unlöslichen Bestandtheile (Mucin, Epithelien) zu niedrig sind. Dieser Einwand ist allerdings richtig; aber man darf andererseits auch nicht übersehen, dass diese Klümpchen oder zähe Massen wohl schwerlich als echte Bestandtheile der Lebergalle sondern wohl eher als fremdartige, vielleicht von der Gallenblase oder den Gallengängen herrührende Beimengungen zu betrachten sind. Sei dem übrigens wie ihm wolle; das Centrifugiren der Galle war in diesen Fällen nicht zu umgehen, es sei denn, dass man von einer genauen chemischen Analyse hätte gänzlich Abstand nehmen wollen.

Von der centrifugirten Galle wurde eine kleine Menge — je nach dem höheren oder niedrigeren sp. Gewichte 10—20 gm — zur Bestimmung der festen Stoffe abgewogen. Da der Gehalt der Galle an Schleim im Allgemeinen ein ziemlich bedeutender war, und da ein sehr reichlicher Mucinniederschlag behufs der vollständigen Extraction mit Alkohol auf mehrere Filtra vertheilt werden musste, was wiederum einer genauen quantitativen Bestimmung des Mucins recht hinderlich ist, so nahm ich zu einer Mucinbestimmung nie mehr als 50 gm Galle, in der Regel weniger.

Wenn dagegen die Tagesmenge der Galle so klein war, dass das Aufsammeln einer hinreichend grossen Menge Galle längere Zeit erforderte, in welchem Falle also Fäulniss oder Zersetzung der Galle zu befürchten war, mass ich für jeden Tag eine bestimmte Gallenmenge ab, deren absolutes Gewicht aus dem sp. Gewichte berechnet wurde, goss sie in eine grosse Flasche, die überschüssigen Alkohol enthielt, hinein und sammelte auf diese Weise die erforderliche Menge Galle direkt in Alkohol auf. In derselben Weise verfuhr ich auch in den Fällen, in welchen der Gehalt der Galle an specifischen Bestandtheilen so klein war, dass zu einer genauen Analyse ein oder ein paar Liter nothwendig waren. Wenn die Galle in Alkohol aufgesammelt wurde, so nahm ich natürlicherweise auch täglich die Bestimmung der festen Stoffe vor, und ebenso sammelte ich täglich eine kleine, genau abgemessene Menge Galle, 5—10 Cc., in Alkohol auf, um eine Bestimmung des Mucingehaltes zu ermöglichen.

Aus dem nun von dem Aufsammeln der Galle Gesagten ergiebt sich, dass meine Analysenzahlen oft nicht die Zusammensetzung der Galle bei einer bestimmten Gelegenheit angeben, sondern vielmehr ein Ausdruck für die mittlere Zusammensetzung der Galle während mehrerer Tage sind.

Bei der Bestimmung der festen Stoffe wurde die Galle in vielen Fällen erst im Wasserbade eingetrocknet und darauf bei einer Temperatur, welche nicht ganz 105° C. betrug, bis zum konstanten Gewicht getrocknet. Ein Erhitzen über 105° C. war unbedingt zu vermeiden, weil dabei eine unzweifelhafte theilweise Zersetzung stattfand. Auch bei einer Temperatur von nur wenig über 100° C. dürfte übrigens eine Zersetzung nicht ganz, wenigstens nicht immer, ausgeschlossen sein. Gelegentlich der Analyse von Blasengalle habe ich zwar nichts derartiges beobachtet, bei der Analyse von Lebergalle habe ich aber einige Male unzweifelhafte Zeichen von theilweiser Zersetzung gesehen. Ich beobachtete nämlich in einigen Fällen bei der Untersuchung der in absolutem Alkohol löslichen Bestandtheile der Lebergalle, dass diese, wenn sie vorher erst wiederholt auf dem Wasserbade und dann im Exsiccator getrocknet worden, beim Erhitzen im Trockenschranke gewissermassen zusammensinterten, Spuren von Ammoniak entwickelten und nach dem Auflösen in Wasser deutliche Schwefelsäurereaction gaben. Ein ähnliches Verhalten habe ich auch bei der Haifischgalle gefunden. Wenn die gallensauren Salze dieser Galle bei etwas zu hoher Temperatur getrocknet werden, so findet eine Zersetzung statt, und aus dem ætherschwefelsauren Alkalisalze wird Sulfat ·gebildet. Ich halte es deshalb auch nicht für unwahrscheinlich, dass bei zu starkem Trocknen der Menschengalle eine Zersetzung der; etwa vorhandenen Aetherschwefelsäuren stattfindet.

Der aus der Zersetzung der Lebergalle beim Trocknen über 100⁰ C. entstehende Fehler ist nun allerdings so klein, dass er kaum von Belang sein dürfte; aber dennoch habe ich mich bemüht, ihn zu vermeiden. Zu dem Ende habe ich bei der vollständigen Analyse sämmtlicher Gallen, mit Ausnahme von den zwei ersten Lebergallen, wo diese Fehlerquelle mir noch nicht hinreichend bekannt war und deren Analysen also wahrscheinlich etwas fehlerhaft sind, die Trockentemperatur nicht 100⁰ C. überschreiten lassen. Ein Austrocknen bei dieser Temperatur ist indessen eine recht langdauernde und zeitraubende Operation, besonders wenn es um einen nicht sehr unbedeutenden Gallenrückstand sich handelt. Aus diesem Grunde habe ich dieses Verfahren auch nur bei den ausführlichen Analysen benutzen können. Bei den täglich wiederkehrenden Bestimmungen der festen Stoffe, welche in jedem beobachteten Falle ausgeführt wurden, und die z. B. in dem Falle N:o 4 über 46 Beobachtungstage sich erstreckten, war es mir aus leicht ersichtlichen Gründen nicht möglich, dieses zeitraubende Verfahren zu verwenden. Bei diesen Bistimmungen wurde der Gallenrückstand, um das Austrocknen zu beschleunigen, bei einer Temperatur über 100⁰ C. aber jedenfalls nicht über 105⁰ C. bis zum konstanten Gewicht getrocknet. Der hieraus resultirende Fehler ist nun zwar, wie ich glaube, von nur geringer Bedeutung, aber ich habe doch die Aufmerksamkeit auf ihn lenken wollen. Er konnte, wie gesagt, aus äusseren Gründen nicht vermieden werden.

Zur Ausfällung des Gallenschleimes, welcher hier der Kürze halber als Mucin bezeichnet wird, wurde die Galle regelmässig mit mindestens dem zehnfachen volumen Alkohol von 97 % gemischt und erst nach mehreren Tagen filtrirt. Bei der quantitativen Bestimmung des Mucins wurde der Niederschlag auf einem gewogenen Filtrum erst mit kaltem und dann mit siedend heissem Alkohol ausgewaschen. Bei Verarbeitung von grösseren Gallenmengen war es nothwendig, den Mucinniederschlag auf mehrere aschenfreie Filtra zu vertheilen, auf welchen er wie gewöhnlich erst mit kaltem Alkohol gewaschen wurde. Da indessen auf diese Weise eine erschöpfende Alkoholbehandlung nicht ausführbar war, so spülte ich mittels einer Spritzflasche den Mucinniederschlag mit Alkohol in ein Becherglas nieder, erhitze im Wasserbade einige Zeit, goss den Alkohol durch dieselben Filtra ab und extrahirte in dieser Weise das Mucin tagelang wiederholt mit neuen Mengen Alkohol. Zuletzt wurde alles Mucin sorgfältig auf die obigen Filtra gebracht und behufs Bestimmung der anorganischen Stoffe wie unten angegeben behandelt.

In dieser Weise kann man leicht und ziemlich rasch die übrigen alkohollöslichen Stoffe auswaschen; der Farbstoff aber wird sehr hartnäckig von dem Mucin zurückgehalten. Es ist mir deshalb auch nie gelungen, ein farbstofffreies Mucin zu erhalten. Ebenzo wenig erhielt ich bei der Alkoholextraction je ein ganz farbloses Extract. Im Gegentheil waren die Alkoholauszüge stets ein wenig gefärbt, und strenge genommen kommt man bei dieser Extraction nie ganz zu Ende, es sei denn, dass man die Extraction mit neuen Mengen Alkohol wochenlang fortsetzen wollte. Nachdem ich den Niederschlag ein paar Tage wiederholt mit neuen Mengen Alkohol ausgekocht hatte, hörte ich deshalb auch mit der weiteren Extraction auf, trotzdem die Filtrate noch schwach gelblich gefärbt waren, denn ich hatte mich durch besondere Versuche davon überzeugt dass die anderen alkohollöslichen Stoffe in viel kürzerer Zeit sich vollständig extrahiren lassen.

Das Mucin war also in allen meinen Analysen von unbekannten Mengen Farbstoff verunreinigt, was ich auch in meinen Zusammenstellungen der analytischen Data deutlich angegeben habe.

Die in diesen Zusammenstellungen als in Alkohol unlöslich bezeichneten organischen Stoffe bestehen indessen nicht ausschliesslich aus farbstoffhaltigem Schleimstoff. Zu ihnen habe ich auch gerechnet die während der folgenden Operationen erhaltene, in absolutem Alkohol unlösliche Substanz.

Das von dem Mucinniederschlage getrennte alkoholische Filtrat wurde gesondert bei mässiger Wärme auf dem Wasserbade verdunstet und in eine Platinschale von passender Grösse übergeführt. Die zu dem Auswaschen verwendeten, in einzelnen Fällen sehr grossen Alkoholmengen wurden ebenfalls gesondert auf ein kleineres Volumen gebracht und dann erst allmählich in dieselbe Platinschale übergeführt. Darauf wurde bei gelinder Wärme zur Trockne verdunstet und mit absolutem Alkohol behandelt. Die alkoholische Lösung filtrirte ich durch ein kleines, gewogenes Filtrum von dem Ungelösten ab, wusch mit absolutem Alkohol vollständig aus und verdunstete das Filtrat zur Trockne. Den hierbei erhaltenen Rückstand behandelte ich wiederum mit absolutem Alkohol, wobei ein unbedeutender, hauptsächlich aus Chloralkalien bestehender ungelöster Rest erhalten wurde. Bei der Behandlung mit absolutem Alkohol enthielt der in Alkohol unlösliche Rest, besonders bei der ersten Extraction, nicht nur Salze sondern auch braungefärbte organische Sub-

stanz. Diese organische Substanz dürfte wohl vielleicht in einzelnen
Fällen zum Theil aus Spuren von in Lösung gebliebenem Mucin bestanden
haben. Ihre Hauptmasse schien mir jedoch veränderter Farbstoff
zu sein, welcher während des Eintrocknens in Alkohol unlöslich geworden
war. Dass sie ausserdem noch andere organische Stoffe unbekannter
Art enthielt, ist dadurch selbstverständlich nicht ausgeschlossen. Die
Gewichtsmenge dieser Substanz wurde als Differenz zwischen der Gesammtmenge
des in Alkohol Unlöslichen und der Menge der nach dem
Einäschern zurückgebliebenen Salze berechnet. Diese Gewichtsmenge
habe ich indessen in den Zusammenstellungen der Analysen nicht gesondert
aufgeführt sondern mit dem für das Mucin in jeder Analyse
gefundenen Werthe zusammengeschlagen. Da nämlich ein Theil des
Gallenfarbstoffes von dem Mucin zurückgehalten wurde und da ein anderer
Theil unzweifelhaft in dem, hauptsächlich aus Salzen bestehenden,
in Alkohol unlöslichen Rückstande sich vorfand, schien es mir am einfachsten
in dieser Weise zu verfahren.

Bei der quantitativen Bestimmung der Mineralstoffe wurde ich genöthigt
eine kleine Abweichung von dem Hoppe-Seylerschen Verfahren
zu machen. Bei meinen Versuchen das Mucin erst mit Essigsäure und
dann mit essigsaurem Wasser auszuwaschen quoll nämlich das Mucin
bald so stark auf, dass die Filtration binnen kurzem in's Stocken
gerieth und das Auswaschen unmöglich wurde. Aus diesem Grunde verfuhr
ich so, dass ich den getrockneten und gewogenen Mucinniederschlag
unter Beobachtung gewöhnlicher Cautelen einäscherte und die
löslichen Bestandtheile der Asche durch Auskochen mit Wasser von den
ungelösten trennte.

Übrigens bemerke ich schon hier, dass ich in einigen Fällen,
wenn die Galle sehr arm an specifischen Bestandtheilen war und wenn
ich nur eine ungefähre Vorstellung von dem Salzgehalte zu erhalten
wünschte, die eingetrocknete Galle direkt einäscherte, ein Verfahren,
welches wegen der bei der Verbrennung des Lecithins und der Taurocholsäure
entstehenden Phosphorsäure, bezw. Schwefelsäure, natürlich zu
keinen ganz genauen Resultaten führen kann.

Die quantitative Bestimmung der gallensauren Salze und der Seifen
bietet auch einige Schwierigkeiten dar. Zur vollständigen Trennung der
in Alkohol-Aether löslichen Stoffe von den darin unlöslichen muss man
den in der alkoholischen Lösung durch Zusatz von Aether erzeugten
Niederschlag wieder in Alkohol lösen und von Neuem mit Aether fällen,
eine Operation, die — wenigstens wenn man mit grösseren Mengen

Galle arbeitet — einige Male wiederholt werden muss. Hierdurch werden nun zwar die gallensauren Salze ganz vollständig von den in Aether löslichen Stoffen befreit, da aber die gallensauren Salze (dies gilt wenigstens für die Menschengalle) wie die Seifen nicht ganz unlöslich in Alkohol-Aether sind, so bleibt ein Theil derselben in der alkoholisch-aetherischen Lösung gelöst. Verdunstet man die letztere zur Trockne und behandelt den Rückstand mit Aether, so erhält man einen ungelösten Rest, welcher neben Seifen, Chloriden und Spuren von Harnstoff auch gallensaure Salze enthält. Hierdurch erhält man für die Seifen zu hohe und für die gallensauren Alkalien zu niedrige Werthe.

Zur Vermeidung dieses Fehlers verfährt man deshalb nach meiner Erfahrung bei der quantitativen Analyse der in Alkohol, bezw. in Aether löslichen Gallenbestandtheile in folgender Weise. Den nach vollständigem Verdunsten des Alkohol-Aethers erhaltenen Rückstand erschöpft man vollständig mit absolutem Aether[1]), von welchem Cholesterin, Fett und Lecithin gelöst werden, während Seifen, gallensaure Salze, Harnstoff und Chloride ungelöst zurückbleiben. Diesen ungelösten Rest löst man in Alkohol und vereinigt diese Lösung mit dem ebenfalls in Alkohol gelösten, grossen, aus gallensauren Salzen bestehenden Niederschlage. In dieser Weise erhält man zuletzt alle Seifen, alle gallensaure Salze und alle bei den vorigen Operationen nicht abgetrennten Chloride in einer und derselben alkoholischen Lösung. Ueber die weitere Verarbeitung dieser Lösung siehe unten.

Die aetherische Lösung von Cholesterin, Lecithin und Fett lasse ich erst in einem geräumigen, mit Filtrirpapier bedeckten Becherglase zum allergrössten Theile bei Zimmertemperatur und zuletzt vollständig bei etwa 40° C. verdunsten. Da die Ueberführung von Aetherlösungen aus einem Gefässe in ein anderes ohne Verluste sehr schwierig ist, und da die Verdunstung einer Aetherlösung in einer kleinen Schale ebenfalls leicht mit Verlusten vorknüpft ist, so löse ich den Rückstand in sehr gelinde erwärmten Alkohol, führe diese Lösung allmählich in eine auf dem Wasserbade auf etwa 50° erwärmte Platinschale über, trockne erst bei gelinder Wärme und zuletzt über Schwefelsäure bis zum constanten Gewicht. Darauf löse ich in Alkohol und messe das Volumen der Lösung genau ab. Einen Genau abgemessenen Theil dieser Lösung

---

[1]) Den von mir verwendeten absoluten Aether hatte ich erst mit Wasser von Alkohol befreit, dann wiederholt mit $CaCl_2$ entwässert und zuletzt über metallischem Natrium rectificirt.

verwende ich zur Bestimmung des Cholesterins und einen anderen zur Bestimmung des Lecithins, beides nach bekannten Methoden. Das Fett wird als Differenz berechnet.

Die obige, alkoholische Lösung sämmtlicher Seifen und gallensauren Salze wird genau gemessen und 4, ebenfalls genau abgemessene Portionen davon in Arbeit genommen. Die eine Portion wird zur Trockne verdunstet und zur Bestimmung der festen Stoffe und der beigemengten Chloralkalien verwendet. Eine zweite Portion benutzt man zur Bestimmung der Seifen in der gewöhnlichen Weise, d. h. durch Verdunsten des Alkohols, Auflösung des Rückstandes in Wasser und Erhitzen mit Aetzbaryt im zugeschmolzenen Rohre. Eine dritte Portion wird zur Prüfung auf Aetherschwefelsäuren, bezw. zur quantit. Bestimmung derselben in später anzugebender Weise, benutzt, und endlich wird in einer vierten Portion, nach dem Eintrocknen, der Schwefel durch Verbrennung mit Kali und Salpeter in bekannter Weise bestimmt.

Alle Seifen werden nach diesem Verfahren, wie gewöhnlich, als freie Fettsäuren bestimmt. Wenn man nun die Menge der Seifen von der Gesammtmenge der in Aether unlöslichen organischen Stoffe abzieht, so erhält man die Menge der gallensauren Alkalien. Diese Rechnung ist indessen insoferne einer Correction bedürftig als unter den in Aether unlöslichen Stoffen auch ein wenig Harnstoff sich vorfinden kann. Da ich indessen keine besonderen Bestimmungen der Harnstoffmenge ausgeführt habe, musste ich von dieser Correction Abstand nehmen. Es ist aber auch eine andere Correction nothwendig. Da nicht die Seifen selbst sondern nur die aus ihnen abgeschiedenen Fettsäuren bestimmt werden, so ist es offenbar, dass die Fettsäuren erst in Seifen umgerechnet werden müssen, bevor man ihre Menge von den in Aether unlöslichen Stoffen abzieht. Da mir nun die Zusammensetzung des Fettsäuregemenges nicht bekannt war, konnte ich eine solche exacte Umrechnung nicht machen. Da aber die neutralen Natronseifen der drei gewöhnlichen Fettsäuren, der Stearin-, Palmitin- und Oelsäure, fast denselben Gehalt an Natrium haben, nämlich bezw. 7,51, 8,27, 7,56 %, so dürfte man wohl — besonders in Anbetracht der kleinen überhaupt in der Galle vorkommenden Seifenmengen — keinen nennenswerthen Fehler begehen, wenn man den mittleren Natriumgehalt des Seifengemenges zu 7,8 % berechnet. Von dieser Zahl bin ich auch ausgegangen, wenn ich behufs der indirekten Bestimmung der gallensauren Salze die Fettsäuren in Natronseifen umrechnen musste. In der tabellarischen Uebersicht der Analysen habe ich indessen nur die für die freien Fettsäuren direkt gefundenen Werthe aufgeführt.

Die Menge des Taurocholates berechnete ich aus dem Gesammtschwefel nach Abzug von demjenigen Schwefel, der als Aetherschwefelsäure vorhanden war. Hierbei war ich aus leicht ersichtlichen Gründen
genöthigt, von der Formel der gewöhnlichen Taurocholsäure auszugehen.
Die Menge des Glykocholates wurde als Differenz zwischen dem
Taurocholate und der Gesammtmenge der gallensauren Alkalien berechnet. Diese Berechnung ist natürlich nicht ganz richtig für solche Fälle,
in welchen die Galle bemerkenswerthe Mengen von Aetherschwefelsäuren
enthielt; da aber die Natur der Aetherschwefelsäuren der Galle noch
nicht ermittelt ist, konnte die gebührende Correction nicht gemacht
werden.

Hier dürfte es übrigens die rechte Stelle sein zu bemerken, dass
die aus gallensauren Salzen bestehenden Niederschläge in meinen Analysen nie rein weiss sondern stets etwas gefärbt waren. Dies war leider nicht zu vermeiden, denn eine Entfärbung mit Thierkohle erwies
sich als nicht zulässig. Bei besonderen Versuchen fand ich nämlich,
dass die gallensauren Salze von den Kohlen zum Theil so fest zurück
gehalten wurden, dass die Entfärbung nicht ohne Verluste ausführbar
war. Aus diesem Grunde habe ich auch die polarimetrische Bestimmung
mit vorausgegangener Entfärbung nicht versucht.

Der qualitative Nachweis von Aetherschwefelsäuren geschah durch
quantitative Bestimmung des in solcher Bindung enthaltenen Schwefels.
Hierbei verfuhr ich in folgender Weise. Die zu einer solchen Analyse
bestimmte Portion der in dem Vorigen besprochenen, alkoholischen Lösung wurde durch Verdunsten auf dem Wasserbade von Alkohol befreit
und der Rückstand, welcher regelmässig mehr als 1 gm gallensauren
Salzen entsprach, mit so viel Wasser behandelt, dass eine etwa 2-pro-
centige Lösung resultirte. Diese Lösung wurde zur Prüfung auf Sulfate,
bezw. zur Entfernung derselben, mit etwa 10 Cc (auf je 50 Cc Gallen-
salzlösung) $BaCl_2$-lösung von 5 % versetzt. Wenn die Galle zu der von
$BaCl_2$ nicht fällbaren Gruppe der Gallen gehörte, so blieb sie hierbei
ganz klar; im entgegengesetzten Falle trat mehr oder weniger rasch
eine Trübung, bezw. ein Niederschlag auf. Die Lösung blieb dann,
gleichgültig ob eine Trübung auftrat oder nicht, 48 Stunden stehen.
Nach Verlauf von dieser Zeit wurde stets, selbst wenn keine Trübung
sichtbar war, durch ein dichtes Filtrum filtrirt, das klare Filtrat mit 5 %
HCl versetzt und dann ein paar Stunden im Wasserbade erwärmt. Darauf
wurde im Wasserbade zur Trockne verdunstet. Den Rückstand behandelte ich wiederholt mit Alkohol, bis anscheinend nichts mehr davon

gelöst wurde, und filtrirte von dem Ungelösten ab. Darauf behandelte ich das Ungelöste wiederholt mit kaltem Wasser, sammelte den Rückstand auf demselben Filtrum, wusch ihn erst mit siedendem Wasser, dann mit sehr verdünnter Salzsäure, darauf wieder mit Wasser und endlich mit Alkohol und Aether aus. Das auf dem Filtrum zurückgebliebene Baryumsulfat wurde nach dem Glühen gewogen, durch Umschmelzen mit Natriumcarbonat und erneuerte Ausfällung gereinigt, geglüht und aufs' Neue gewogen.

Bei diesem Verfahren liefert das Taurin, was ich durch besondere Versuche controlirt habe, keine Schwefelsäure. Eine Verunreinigung der gallensauren Salze durch Sulfate ist eigentlich schon durch die vorausgegangene wiederholte Auflösung in absolutem Alkohol ausgeschlossen; wenn aber Sulfate dennoch in Spuren vorhanden wären, müssten sie durch den Zusatz von $BaCl_2$-lösung und darauffolgendes Filtriren entfernt werden. Man könnte hier nur noch den Einwand machen, dass die gallensauren Salze vielleicht die, Fähigkeit hätten, die Ausfällung kleiner Mengen Baryumsulfat zu verhindern. Dieser Einwand ist aber hinfällig. Durch besondere Versuche habe ich mich nämlich davon überzeugt, dass eine absichtliche Verunreinigung mit sehr wenig Schwefelsäure — wie z. B mit 1 mgm Schwefelsäure als Natriumsulfat in 50 Cc einer 2-procentigen Lösung von gallensauren Salzen — fast sogleich durch Zusatz von $BaCl_2$-lösung angezeigt wird.

Da also die gallensauren Salze keine verunreinigenden Sulfate enthielten und da ferner das Taurin bei dem obigen Verfahren keine Schwefelsäure giebt, so konnte ich mir die Entstehung von Schwefelsäure bei dem Sieden mit Salzsäure nur durch die Annahme erklären, dass die Galle ausser der Taurocholsäure auch eine andere, schwefelhaltige Substanz enthalten hatte, welche wie die Aetherschwefelsäuren beim Sieden mit' Säure Schwefelsäure giebt. Aus diesem Grunde habe ich auch diese, von mir noch nicht isolirte schwefelhaltige Substanz ganz einfach als Aetherschwefelsäure bezeichnet.

Eine quantitative Bestimmung der Farbstoffe habe ich nicht ausführen können. Eine solche Bestimmung dürfte wohl nämlich nur auf spektrofotometrischem Wege sicher ausführbar sein, aber die spektrofotometrische Methode war in meinen Fällen nicht brauchbar. Die Galle enthielt nämlich, wie oben bemerkt wurde, in den allermeisten Fällen nicht nur Bilirubin sondern auch einen urobilinähnlichen Farbstoff. Ausserdem enthielten die zu analysirenden Gallen oft etwas Biliverdin, welches sich in der Flasche während des Aufsammelns oder der Aufbewahrung der Galle vor der Analyse gebildet hatte. Nach diesen vorausgeschickten Bemerkungen kann ich zu den speciellen Fällen übergehen.

Fall 1. K. A. 61 Jahre alte Frau. Diagnose: *Cholelithiasis.* Die Patientin war vor der Operation ziemlich stark herabgesetzt. Icterus seit der Mitte von October 1890. Cholecystotomie am 9:ten November desselben Jahres. Die Gallenblase enthielt eine schleimige, schmutziggrüne Galle, in welcher keine grösseren Steine sondern nur eine reichliche Menge von kleinen Concrementen zu sehen waren. Diese Concremente hatten höchstens die Grösse eines Roggenkornes. Nach der Operation besserte sich der Zustand der Patientin allmählich. Vom 22:ten November ab wurde keine Galle mehr durch das Drainagerohr aufgesammelt und am 1:sten December war die Wunde vollständig geheilt.

Die Hauptmenge der Galle ging in diesem Falle in den Darm über und es flossen nur verhältnissmässig kleine Mengen durch das Drainagerohr nach aussen. Das Aufsammeln der ausfliessenden Galle begann am 10:ten November, also am Tage nach der Operation, und jedesmal wurde die ganze aufgesammelte Tagesportion (d. h. die von 8 Uhr Morgens am einen Tage bis zum 8 Uhr Morgens am nächsten Tage aufgesammelte Menge) mir zugesandt.

Ich theile hier zuerst in einer tabellarischen Übersicht die pro Tag aufgesammelten Gallenmengen wie auch den Gehalt der aufgesammelten Galle an festen Stoffen mit.

Tag	Gallenmenge	Feste Stoffe
Nov 10—11	50 Cc	1,403 $^0/_0$
11—12	94 „	1,450 „
12—13	89 „	1,820 „
13—14	67 „	1,620 „
14—15	61 „	1,880 „
15—16	73 „	1,830 „
16—17	75 „	2,070 „
17—18	84 „	2,100 „
18—19	25 „	1,655 „
19—20	73 „	—— „
20—21	35 „	2,550 „
21—22	70 „	2,815 „

Mit der Besserung im Allgemeinbefinden der Patientin nahm der Gehalt der Galle an festen Stoffen allmählich zu, und die während der zwei letzten Tage aufgesammelte Galle dürfte wohl ohne Zweifel als normale Galle zu betrachten sein.

Die am ersten Tage aufgesammelte Galle hatte eine schön gelbbraune Farbe und eine ziemlich schleimige Consistenz. Bei der spektroskopischen Untersuchung fand ich einen Absorptionsstreifen zwischen b und F und ausserdem einen sehr schwachen Streifen um D herum. Die Anwesenheit des urobilinähnlichen Farbstoffes war übrigens durch partielle Entfärbung mit Kohle leicht zu zeigen. In den folgenden Tagen fehlte der urobilinähnliche Farbstoff nie, wogegen ich den Streifen bei D nicht weiter sehen konnte. Im Übrigen hatte die Galle während der ganzen Beobachtungszeit etwa dieselbe Beschaffenheit, wenn sie auch natürlich am einen Tage etwas heller oder dunkler oder etwas mehr oder weniger schleimig als am anderen war.

Die gallensauren Salze dieser Galle wurden von wenig Essigsäure reichlich, wenn auch etwas langsam, von mehr Essigsäure wie auch von Mineralsäuren dagegen sogleich gefällt. Sie gaben ferner Niederschläge mit $BaCl_2$, $CaCl_2$, $CuSO_4$, Fe_2Cl_6, $AgNO_3$ und PbĀ, nicht aber mit $HgCl_2$. Der mit $BaCl_2$-lösung erhaltene Niederschlag löste sich zum allergrössten Theile in Wasser beim Erwärmen und schied sich beim Erkalten wieder aus.

Die Galle hatte am ersten Tage folgende Zusammensetzung.

Feste Stoffe . . . . 1,403 $^0/_0$
Wasser . . . . 98,597 „

Mucin und Farbstoff . . . . 0,234 $^0/_0$
Gallensaure Salze mit Seifen . . . 0,203 „
Aetherlösliche Stoffe . . . . 0,055 „
Mineralstoffe . . . . 0,919 „
$\overline{}$
1,411 $^0/_0$

Die Mineralstoffe wurden in diesem Falle direkt durch Einäschern bestimmt in derselben Portion, welche zur Bestimmung der festen Stoffe gedient hatte. Hierdurch erklärt es sich leicht, dass die Summe der Einzelbestimmungen etwas höher ausfällt als die direkt gefundene Menge der festen Stoffe. Das an Gallensäuren und Fettsäuren gebundene Alkali, bezw. die bei dem Einäschern daraus entstandenen Salze sind nämlich ebenfalls in der Summe der Mineralstoffe enthalten.

Die während 3 Tage, vom 11:ten—14:ten Nov., aufgesammelte Galle wurde zu einer ausführlicheren Analyse verwendet. Die Menge der Galle, nach Abzug von den zur Bestimmung der festen Stoffe für jeden Tag verwendeten Portionen, betrug etwas mehr als 200 Cc. Es wurden zu der Analyse 200 gm verwendet.

Die Analyse ergab für diese Galle folgende Zusammensetzung:

Feste Stoffe	1,626 %
Wasser	98,374 „
Mucin und Farbstoff	0,3610 %
Gallensaure Alkalien	0,2618 „
Fette Säuren (aus Seifen)	0,0410 „
Cholesterin	0,0480 „
Fett und Lecithin	0,0210 „
Lösliche Salze	0,8450 „
Unlösliche Salze	0,0350 „
An Fettsäuren gebundenes Alkali und Verlust . .	0,0132 „
	1,6260 %.

Eine gesonderte Bestimmung der Taurocholsäure in der obigen Portion war nicht möglich. Es wurde deshalb von der während der übrigen Beobachtungszeit aufgesammelten, mit Alkohol vermischten Galle eine, etwa 300 Cc der ursprünglichen Galle entsprechende Quantität in Arbeit genommen. 0,6555 gm krystallisirte, trockene, gallensaure Salze lieferten 0,077 gm $BaSo_4$ = 0,1448 gm Taurocholat und 0,5107 gm Glykocholat. Die Relation Taurocholat: Glykocholat war also = 1 : 3,53. Hierbei ist jedoch zu bemerken, dass wegen Mangels an Material eine Correction für die Seifen nicht gemacht werden konnte. Ebenso wenig war es in diesem Falle möglich, eine Prüfung auf Aetherschwefelsäuren vorzunehmen.

Fall II. J. Z. 60 Jahre alte Frau. Diagnose: *Cholelithiasis.* Die Patientin war sehr marastisch und heruntergekommen. Symptome von Icterus und zeitweise auftretende Kolikanfälle seit November 1890. Am 26:ten April 1891 wurde die Operation (Cholecystotomie) ausgeführt. Die Gallenblase war nicht gefüllt, stark geschrumpft, nicht grösser als das Ende eines Daumens. Im Ductus cysticus waren mehrere Steine zu fühlen, die indessen nicht herausgenommen werden konnten. Es kamen nur Fragmente der Steine zum Vorschein, aber die Concremente wurden mehr beweglich als vorher. Nach der Operation wurde die herausfliessende Galle täglich bis zum 22:ten Mai aufgesammelt. Am diesen Tage wurde eine neue Operation unternommen, wobei es gelang 4 Steine zu entfernen. Nach dieser zweiten Operation wurde keine Galle mehr aufgesammelt. Der Zustand der Patientin besserte sich nun allmählich, und die Kranke konnte nach einiger Zeit das Krankenhaus als geheilt verlassen. Die Galle, welche in diesem Falle zur Untersuchung kam, war also nur solche, welche in der Zwischenzeit zwischen den zwei Operationen aufgesammelt wurde. Während dieser ganzen Zeit war die Kranke ziemlich schwach und die Galle dürfte deshalb auch kaum als normale Lebergalle aufzufassen sein.

Auch in diesem Falle ging die Hauptmenge der Galle in den Darm über und die aufgesammelten Mengen geben also keinen Aufschluss über die Secretionsgrösse. Für die Beurtheilung der Beschaffenheit der Galle dürfte dagegen der Gehalt an festen Stoffen von Interesse sein, und aus diesem Grunde theile ich hier in der folgenden Zusammenstellung den Gehalt an festen Stoffen pro Tag mit und daneben auch die aufgesammelte Menge und das sp. Gewicht der Galle. Das Aufsammeln der Galle wurde auch in diesem Falle wie in dem vorigen und den folgenden von 8 Uhr Morgens am einen Tage zu derselben Zeit am anderen gerechnet.

	Tag	Menge der Galle	Sp. Gew.	Feste Stoffe
April	26.—27	145 Cc	1,00885	2,0604 %
	27—28	110 „	1,00820	1,6284 „
	28—29	53 „	1,0080	1,5200 „
	29—30	64 „	1,0083	1,6560 „
April	30—Maj 1	90 „	1,0080	1,6510 „
Maj	1— 2	134 „	1,0099	2,3170 „
	2— 3	115 „	1,00795	1,5080 „
	3— 4	118 „	1,0071	1,4099 „
	4— 5	118 „	1,0075	1,4790 „
	5— 6	119 „	1,00696	1,3830 „
	6— 7	122 „	1,00785	1,4580 „
	7— 8	82 „	1,00683	1,3810 „
	8— 9	134 „	1,00708	1,3920 „
	9—10[1])	— „	—	—
	10—11	108 „	1,00792	1,608 „
	11—13[1])	— „	—	—
	13—14	212 „	1,00702	1,360 „
	14—15	220 „	1,00662	1,321 „
	15—16	145 „	1,00647	1,296 „
	16—17	202 „	1,0075	1,465 „
	17—18	122 „	1,0071	1,395 „
	18—19	182 „	1,0071	1,382 „
	19—20	196 „	1,0075	1,487 „
	20—21	333 „	1,0074	1,441 „
	21—22	337 „	1,0075	1,469 „

Der etwas höhere Gehalt an festen Stoffen in der Galle des ersten Tages rührt vielleicht daher, dass es hier zum Theil um eine in der Leber vor der Operation stagnirte Galle sich handelte. Diese Galle war

---

[1) Die Galle ging in den Verband über und ging also für die Untersuchung verloren.

auch sehr dunkel, nach Verdünnung mit Wasser gelbbraun, ziemlich
fadenziehend und schleimig. In den folgenden Tagen wurde sie weniger dunkel und weniger dickflüssig. Die Farbe war im Allgemeinen eine
blass gelbbraune, bisweilen etwas grünliche. Sowohl am ersten Tage
wie während der ganzen folgenden Beobachtungszeit war regelmässig
ein, wenn auch bisweilen schwacher, Urobilinstreifen zu sehen.
Die gallensauren Alkalien dieser Galle wurden von Essigsäure
leicht gefällt. Mineralsäuren gaben ebenfalls sogleich Niederschläge.
Die gallensauren Salze wurden ferner gefällt von $BaCl_2$. $CaCl_2$, $CuSo_4$.
Fe_2Cl_6, $AgNo_3$ und $Pb\bar{A}$, nicht aber von $HgCl_2$. Der Niederschlag mit
$BaCl_2$ löste sich zum allergrössten Theile in siedendem Wasser auf; beim
Erkalten schied er sich wieder aus und zwar zum Theil amorf, zum
Theil aber in aus langen Nadeln oder langgezogenen Blättern bestehenden Krystallen.

Die Zusammensetzung der Galle am ersten Tage war folgende.

Feste Stoffe	2,0604 %
Wasser	97.9396 „
Mucin und Farbstoff	0,2760 %
Gallens. Salze und Seifen	0,8470 „
Cholesterin	0,0780 „
Fett und Lecithin	0,0280 „
Lösliche Salze	0,8020 „
Unlösliche Salze	0,0202 „
Verlust	0.0092 „
	2,0604 %.

Behufs einer näheren Analyse der in Alkohol löslichen Bestandtheile wurde in der Zeit vom 5:ten bis zum 16:ten Maj täglich eine
genau abgemessene Portion Galle, deren Gewicht aus dem sp. Gewichte
berechnet wurde, mit Alkohol gemischt, bis 1 kilo Galle in dieser Weise
in Alkohol aufgesammelt worden war. Da eine genaue Bestimmung des
Mucins in diesem Falle sehr schwierig war, wurde hiervon Abstand genommen und ich analysirte nur die in Alkohol löslichen Stoffe. Die
Zusammensetzung derselben, auf 100 Theile Trockensubstanz nach Abzug
von den Chloriden berechnet, war folgende.

Gallensaure Alkalien	73,05 %	{ 9.14 Taurocholat
		{ 63,91 Glykocholat
Fettsäuren (aus Seifen)	4,00 „	
Cholesterin	12,94 „	
Lecithin	3,60 „	
Fett	5,06 „	
Alkali an Fettsäuren gebunden und Verlust	1,35 „	

Bei der Ausführung dieser Analysen war es mir leider noch nicht bekannt, dass die gallensauren Salze der Menschengalle durch ein Trocknen bei etwas mehr als 100^0 C. aber weniger als 105^0 C. zum Theil zersetzt werden können. Dies erfuhr ich erst während der Arbeit, denn ich bemerkte hierbei, dass die vorher bei 100^0 C. getrockneten gallensauren Salze, welche keine Sulfate enthielten, bei noch stärkerem Trocknen zusammensinterten und dabei eine Zersetzung erfuhren, so dass in Alkohol unlösliche Sulfate entstanden. Die Menge der gallensauren Salze ist hierdurch unzweifelhaft etwas zu niedrig ausgefallen in den beiden hier angeführten Analysen; aber dieser Fehler war wie gesagt nicht zu vermeiden. Auf die Bestimmung des Gesammtschwefels und des Schwefels der Aetherschwefelsäuren übt indessen dieses Verhalten keinen Einfluss aus, wie aus dem von dem Gange der Analyse oben Gesagten ohne weiteres ersichtlich sein dürfte.

1,1275 gm[1]) lieferten 0,081 gm $BaSo_4$ nach dem Schmelzen mit Kali und Salpeter.

1,1005 gm[1]) gaben 0,0195 gm $BaSo_4$ nach dem Kochen mit Salzsäure (also Aetherschwefelsäure).

Von dem Gesammtschwefel kamen also rund 25 % auf dem Schwefel der Aetherschwefelsäuren, und die Relation zwischen dem Schwefel der Aetherschwefelsäuren und dem der Taurocholsäure war = 1 : 3,05.

Zieht man den Schwefel der Aetherschwefelsäuren von dem Gesammtschwefel ab, so berechnet sich leicht die Menge des Natriumtaurocholates. Dieselbe ist in der obigen Zusammenstellung angegeben und daraus berechnet sich die Relation Taurocholat : Glykocholat = 1 : 6,99 oder rund = 1 : 7,0.

Zur Bestimmung der Mineralstoffe wurde täglich eine bestimmte Menge der Galle, zwischen 10 und 15 Cc, abgemessen, aus dem sp. Gew. das absolute Gewicht berechnet und jede Portion darauf eingetrocknet. Das Eintrocknen sämmtlicher Portionen geschah in derselben Schale, und es wurden in dieser Weise 322,38 gm Galle behufs der Analyse der Mineralstoffe eingetrocknet, mit Alkohol extrahirt und weiter verarbeitet. Die gefundenen Zahlen geben also einen Ausdruck für die mittlere quantitative Zusammensetzung der Mineralstoffe während der ganzen Beobachtungszeit.

---

[1]) Die Mengen sind nach Abzug von Chloriden und Seifen berechnet.

Der Gehalt an Mineralstoffen, in Procenten von der frischen Galle berechnet, war folgender:

$$Na \quad . \qquad . \quad . \quad 0{,}3055 \ ^0 \! _0$$
$$K \quad . \quad . \qquad . \quad . \quad 0{,}0340 \ „$$
$$Ca(Mg) \quad . \quad . \quad . \quad . \quad 0{,}0085 \ „$$
$$Fe \quad . \qquad . \quad . \quad . \quad 0{,}0018 \ „$$
$$Cl \quad . \quad . \qquad . \quad . \quad . \quad 0{,}4110 \ „$$
$$SO_4 \quad . \qquad . \quad 0{,}0459 \ „$$
$$PO_4 \quad . \quad . \quad . \quad . \quad . \quad 0{,}0283 \ „$$
$$CO_3 \ (als \ Differenz) \ . \quad 0{,}0174 \ „$$

Rechnet man diese Zahlen auf 100 Theile Asche um, so erhält man: Na 35,84 $^0\!_0$; K 3,99 %; $Ca(Mg)$ 0,99 $^0\!_0$; Fe 0,21 %; Cl 48,21 $^0\!_0$; SO_4 5,38 $^0\!_0$; PO_4 3,32 %; CO_3 2,11 %.

Der Gehalt an Eisen ist auffallend gering, was wohl daher rührt, dass es sich hier um eine an festen Stoffen überhaupt arme, wahrscheinlich nicht ganz normale Galle handelte.

Fall III. *E. A.* Unverheirathetes Weib, 32 Jahre alt. Diagnose: *Cholelithiasis.* Seit Juli 1891 wiederholte Schmerzanfälle in der Lebergegend und leichte icterische Färbung der Haut. Im August kamen einige Male schwerere Kolikanfälle mit Fieber und Schüttelfrost vor, und es trat eine stärkere icterische Färbung auf. Die Patientin war trotzdem ziemlich gut genährt. Nach einem schweren Kolikanfalle mit starkem Fieber wurde die Cholecystotomie am 13:ten September ausgeführt. Die Gallenblase enthielt eine dicke, grünliche, einige von Blut gefärbte Schleimklümpchen enthaltende Galle, die indessen nicht aufgesammelt wurde. Ausserdem enthielt die Blase auch 10 erbsengrosse, aus Cholesterin mit viel Pigmentkalk bestehende Steine, die herausgenommen wurden. Nach der Operation besserte sich der Zustand allmählich und vom 25:ten September ab wurde keine Galle mehr zur Untersuchung erhalten. Auch in diesem Falle ging ein Theil der Galle in den Darm über und ein Theil wurde von dem Verbande aufgenommen.

Die Mengen der aufgesammelten Galle und der Gehalt an festen Stoffen während 12 Beobachtungstage waren folgende.

Tag	Menge der Galle	Sp. Gewicht	Feste Stoffe
Sept 13—14	520 Cc	1,0086	1,922 $^0\!_0$
14—15	392 „	1,0056	1,160 „
15—16	604 „	1,0078	1,503 „
16—17	180 „	1,0081	1,630 „
17—18	50 „	—.—	1,840 „
18—19	202 „	1,0089	2,200 „
19—20	318 „	1,0092	2,480 „
20—21	312 „	1,0094	2,530 „

Tag	Menge der Galle	Sp. Gewicht	Feste Stoffe
Sept 21—22	348 Cc	1,0094	2,550 ^{0}0
22—23	312 „	1,0096	2.480 „
23—24	184 „	1,0097	2,550 „
24—25	76 ..	1,0096	2,500 „

Die Galle war in diesem Falle während der ganzen Beobachtungszeit ziemlich stark dunkel gefärbt. Ausser dem Bilirubin enthielt sie auch den urobilinähnlichen Farbstoff. Die schleimige Beschaffenheit war selbstverständlich während der verschiedenen Tage eine etwas wechsehelne. Die in den letzten 7 Tagen nur wenig schwankende quantitative Zusammensetzung und der verhältnissmässig hohe Gehalt an festen Stoffen lassen vermuthen, dass diese Galle normale Lebergalle war.

Die gallensauren Salze wurden weder von Essigsäure noch von $BaCl_2$, $CaCl_2$ oder $HgCl_2$ gefällt. Ihre Lösung in Wasser gab dagegen reichliche Niederschläge mit Mineralsäuren, $CuSO_4$, Fe_2Cl_6, $AgNO_3$ und Bleizucker.

Die am ersten Tage aufgesammelte Galle hatte folgende Zusammensetzung.

Feste Stoffe	. . .	1,922 ^{0}0
Wasser	. . . . .	98,078 „

Mucin und Farbstoff	. . . . . .	0,4460 ^{0}/0
Gallensaure Alkalien	. . . . . .	0,4610 „
Fettsäuren (aus Seifen)	. . . . . .	0,0550 „
Cholesterin	. . . .	0,0701 „
Lecithin und Fett	. . . . . .	0,0260 „
Lösliche Salze	. . . . . .	0,8279 „
Unlösliche d:o	. . . .	0,0220 „
Alkali an Fettsäuren gebunden und Verlust		0,0140 „
		1.9220 ^{0}0

Die Analyse der in Wasser löslichen Mineralstoffe ergab für die frische Galle folgenden Gehalt an den einzelnen Mineralstoffen für 100 Theile Galle.

Na	. .	0,2937
K	. . .	0,0370
Cl	. . .	0,4480
SO_4	. .	0,0310
PO_4	. .	0,0152
CO_3	. .	0,0030

Rechnet man diese Zahlen auf 100 Theile Asche um, so erhält man: Na 35,48; K 4,469; Cl 54,110 ^{0}/0; SO_4 3,744 ^{0}0; PO_4 1,836 ^{0}0; CO_3 0,361 ^{0}/0.

Von der, vom 20:ten bis zum 22:ten Sept. aufgesammelten Galle wurden 900 gm zu einer zweiten Analyse verwendet. Diese Galle hatte folgende Zusammensetzung.

Feste Stoffe	.	2,52	^{0} $_0$		
Wasser . .	. .	97,48	„		
Mucin und Farbstoff .		0,529	^{0}/$_0$		
Gallensaure Alkalien .		0,931	„	{ 0.3034 ^{0}.$_0$ Taurocholat.	
				{ 0,6276 ^{0}.$_0$ Glykocholat.	
Fettsäuren (aus Seifen) .	. .	0,123	„		
Cholesterin		0,063	„		
Lecithin med Fett .	. . . .	0,022	„		
Lösliche Salze	. . .	0,807	„		
Unlösliche Salze		0,025	„		
An Fettsäuren gebundenes Alkali und Verlust		0,020	„		
		2.520	^{0}/$_0$		

Zur Prüfung auf Schwefel als Aetherschwefelsäure wurden 1,347 gm verwendet. Sie lieferten indessen nur 0,005 gm $BaSO_4$, eine so kleine Menge, dass ich die Gegenwart von Aetherschwefelsäure in diesem Falle nicht als bewiesen erachten kann. Aus diesem Grunde wurde bei der Bestimmung des Taurocholates keine Correction für Schwefel in anderer Bindung gemacht.

1,6388 gm gallensaure Alkalien (die Seifen und Chloride hier wie überall abgerechnet) gaben 0,2315 gm $BaSO_4$ nach dem Schmelzen mit Kali und Salpeter. Dies entspricht einem Gehalte von 1,942 % Schwefel, und hieraus berechnet sich die Relation Taurocholat: Glykocholat = 1 : 2,068.

Der Gehalt dieser Galle an Eisen, auf frische Galle berechnet, war 0,003 ^{0} $_0$.

Die Zusammensetzung der Mineralstoffe, auf 100 Theile Asche berechnet, war folgende: Na 35,209, K 4,256; Ca 1,091, Mg 0,586, Fe 0,334, Cl 51,526, SO_4 2,769; PO_4 3,389; CO_3 0,830 %.

Fall IV. E. W. Maurer. 44 Jahre alt. Diagnose: *Cholelithiasis(?)* + *Tuberculosis pulmonum.* Seit mehreren Jahren Kolikanfälle. Der erste Kolikanfall mit nachfolgender icterischer Färbung der Haut trat im August 1891 auf. Bei der Aufnahme in das Krankenhaus am 2:ten October war der Patient stark icterisch, sehr schwach und abgemagert. Am 4:ten October wurde die Operation vorgenommen. Es wurden hierbei keine Concremente sicher gefunden sondern nur im Ductus choledochus eine feste, wallnussgrosse Resistenz, die vielleicht einige Concremente enthielt und die wenigstens zum Theil durch Kneten und Drücken zwischen den Fingern vermindert werden konnte. Die Gallenblase war strotzend gefüllt und enthielt eine dicke schwarzgrüne Galle, die gesondert aufgesammelt und analysirt wurde. In der letzten Hälfte von November starb der Patient infolge der Lungentuberkulose. Bei der Section wurden keine Concremente gefunden, aber es fand sich in dem Ductus choledochus eine schwielige, ringförmige narbenartige Stenose vor.

Da der Patient an Tuberkulose litt und übrigens sehr heruntergekommen war, so kann die Galle in diesem Falle natürlich nicht als normale Galle angesehen werden. Da ich indessem in diesem Falle dem Verhalten der Galle lange Zeit gefolgt bin, und da die Zusammensetzung der Lebergalle, besonders wenn man sie mit derjenigen der Blasengalle vergleicht, nicht ohne Interesse ist, theile ich hier meine Beobachtungen mit. Ich werde hierbei zuerst die Lebergalle und dann die Blasengalle besprechen.

Die Menge der aufgesammelten Galle und deren Gehalt an festen Stoffen während 48 Beobachtungstage waren folgende.

Tag	Menge der Galle	Sp. Gew.	Feste Stoffe
Okt 4—5	530 Cc	1,0104	2,840 ^{0} ₀
5—6	130 „	1,0089	2,180 „
6—7	Es wurde keine Galle erhalten.		
7—8	335 Cc	1,0073	1,580 „
8—9	400 „	1,0683	1,470 „
9—10	340 „	1,0687	1,400 „
10—11	555 „	1,0067	1,370 „
11—12	410 „	1,0061	1,300 „
12—13	330 „	1,0060	1,231 „
13—14	470 „	1,0062	1,230 „
14—15	570 „	1,0060	1,220 „
15—16	590 „	1,0061	1,230 „
16—17	500 „	1,0060	1,210 „
17—18	215 „	1,0062	1,220 „
18—19	470 „	1,0060	1,200 „
19—20	200 „	1,0059	1,200 „
20—21	360 „	1,0051	1,150 „
21—22	605 „	1,0060	1,195 „
22—23	280 „	1,0053	1,143 „
23—24	275 „	1,0063	1,260 „
24—25	405 „	1,0058	1,165 „
25—26	505 „	1,0060	1,200 „
26—27	605 „	1,0056	1,170 „
27—28	345 „	1,0061	1,240 „
28—29	490 „	1,0054	1,135 „
29—30	360 „	1,0054	1,115 „
30—31	150 „	1,0052	1,140 „

Tag	Menge der Galle	Sp. Gew.	Feste Stoffe
Nov —1	305 Cc	1,0062	1,290 %
1—2	230 „	1,0049	1,100 „
2—3	240 „	1,0064	1,305 „
3—4	59 „	1,0075	1,680 „
4—5	250 „	1,0062	1,275 „
5—6	Es wurde keine Galle erhalten.		
6—7	12 Cc	——	1,154 „
7—8	460 „	1,0052	1,175 „
8—9	590 „	1,0052	1,188 „
9—10	485 „	1,0052	1,170 „
10—11	397 „	1,0062	1,295 „
11—12	520 „	1,0052	1,179 „
12—13	520 „	1,0051	1,186 „
13—14	350 „	1,0062	1,280 „
14—15	650 „	1,0049	1,110 „
15—16	540 „	1,0061	1,230 „
16—17	235 „	1,0061	1,220 „
17—18	490 „	1,0061	1,200 „
18—19	403 „	1,0063	1,250 „
19—20	355 „	1,0051	1,150 „
20—21	65 „	1,0061	1,250 „

Der etwas grössere Gehalt an festen Stoffen in der Galle der zwei ersten Tage rührt vielleicht von einer Beimengung mit stagnirter Lebergalle her. Ueber die Ursache des Ansteigens der festen Stoffe am 3—4:ten November giebt die Krankengeschichte keine Aufschlüsse. Sieht man von diesem Tage und den 7 ersten Tagen ab, so hat die Galle eine auffallend constaute Zusammensetzung, indem der Gehalt an festen Stoffen nur zwischen 1,100 % (dem Minimum) und 1,305 % (dem Maximum) schwankt. Dies dürfte nun wohl daher rühren, dass die secernirte Galle eigentlich eine Lösung von Salzen und Mucin mit nur geringen Mengen von wahren Gallenbestandtheilen darstellt. Dasselbe scheint aber auch in gewissen anderen von einigen Forschern, wie von YEO und HERROUN[1]), PATON und BALFOUR[1]), veröffentlichten Analysen der Fall gewesen zu sein.

Die Galle war in diesem Falle mit Ausnahme von den ersten Tagen, wo sie ziemlich dunkel war, verhältnissmässig hell gelbbraun gefärbt. Bei der spektroskopischen Untersuchung zeigte die Galle der ersten Tage zwei Absorptionsstreifen, den einen zwischen D und E, gerade bei D, und den anderen zwischen b und F an derselben Stelle

---

[1]) Vergl. oben. pp. 2 und 3.

wie der gewöhnliche Gallenurobilinstreifen. In der folgenden Beobachtungszeit war nur der urobilinähnliche Streifen zu sehen.

Die gallensauren Salze dieser Galle, der Lebergalle ebenso wohl wie der Blasengalle, wurden weder von Essigsäure noch von $BaCl_2$, $CaCl_2$ oder $HgCl_2$ gefällt. Dagegen wurden sie gefällt von Mineralsäuren, von $CuSO_4$; Fe_2Cl_6; $AgNO_3$ und Bleizucker.

Des Vergleiches mit der Blasengalle halber war es von Interesse, die am ersten Tage aufgesammelte Galle, deren Menge 530 Cc betrug, zu analysiren.

Die Zusammensetzung dieser Galle war folgende:

Feste Stoffe . . . . 2,840 $^0/_0$
Wasser . . . . . . 97,160 „

Mucin und Farbstoff . . .	. . 0,9100 $^0/_0$	
Gallensaure Alkalien	0,8140 „	{ 0,053 $^0/_0$ Taurocholat [1]
		0,761 $^0/_0$ Glykocholat
Fettsäuren (aus Seifen)	0,0240 „	
Cholesterin	0,0960 „	
Lecithin	0,0480 „	
Fett	0,0806 „	
Lösliche Salze	0,8051 „	
Unlösliche Salze	0,0411 „	
Alkalien an Fettsäuren gebunden und Verlust	0,0212 „	
	2,8400 $^0/_0$	

Der Gehalt an Mineralstoffen, in Procenten von der frischen Galle berechnet, war folgender:

Na 0,2609
K 0,0834
Ca 0,0096
Mg 0,0041
Cl 0,4244
SO_4 0,0356
PO_4 0,0214
CO_3 (als Differenz) . . 0,0067

Rechnet man diese Zahlen auf 100 Theile Asche um, so erhält man: Na 30,838 %; K 9,858 %; Ca 1,139 %; Mg 0,479 %; Cl 50,154 %; SO_4 4,205 %; PO_4 2,529 %; CO_3 0,798 %.

---

[1] Nicht direkt bestimmt sondern nur unter der Voraussetzung gültig, dass die Relation zwischen den beiden Säuren dieselbe in dieser wie in der unten analysirten, grösseren Portion war.

Zur näheren Untersuchung der Galle auf Aetherschwefelsäuren und Taurocholsäure wurden aus einer grösseren Portion Galle (aus 3 Litern) die gallensauren Alkalien dargestellt.

1,613 gm gallensaure Alkalien lieferten 0,073 gm $BaSO_4$ nach dem Schmelzen mit Kali und Salpeter $= 0,6224$ $^0/_0$ S.

1,400 gm gaben nach dem Kochen mit Salzsäure 0,024 gm $BaSO_4$ $= 0,236$ $^0/_0$ S.

Von dem Gesammtschwefel kamen also in diesem Falle rund 38 $^0/_0$ auf dem Schwefel der Aetherschwefelsäuren, und das Verhältniss zwischen dem Schwefel der Aetherschwefelsäuren und dem der Taurocholsäure war $= 1 : 2,706$.

Zieht man den Schwefel der Aetherschwefelsäuren von dem Gesammtschwefel ab und berechnet man aus dem letzteren den Gehalt an Taurocholat, so erhält man die Relation zwischen Taurocholat und Glykocholat $= 1 : 14.4$.

Um in diesem Falle die Zusammensetzung der Lebergalle auch bei anderen Gelegenheiten zu erfahren, machte ich noch zwei andere. aber weniger vollständige Analysen, und zwar an der Galle vom 13:ten und 31:ten October.

Am jenen Tage hatte die Galle folgende Zusammensetzung:

Feste Stoffe	1,231 $^0/_0$
Wasser	98,769 „
Mucin und Farbstoff	0,180 $^0/_0$
In Alkohol löslich	0,2175 „
Lösliche Salze	0,8170 „
Unlösliche Salze	0,0165 „
	1,2310 $^0/_0$

Am 31:ten October war die Zusammensetzung folgende:

Feste Stoffe	1,140 $^0/_0$
Wasser	98,860 „
Mucin und Farbstoff	0,157 $^0/_0$
In Alkohol löslich	0,174 „
Lösliche Salze	0,799 „
Unlösliche Salze	0,010 „
	1,140 $^0/_0$

In diesen beiden Analysen sind die in Alkohol löslichen Stoffe als Differenz zwischen dem Mucin einerseits und den nach dem direkten Einäschern gefundenen Salzen andererseits berechnet. Dies ist natür-

lich aus allgemein bekannten, oben erörterten Gründen nicht ganz exact.
Da aber der Gehalt an festen Stoffen in diesen beiden Fällen ein sehr
geringer ist, dürfte der hieraus resultirende Fehler ganz ohne Belang
sein. Jedenfalls dürfte man wohl sagen können, dass die hier in Rede
stehende Galle fast als eine Salzlösung mit nur sehr geringer Beimengung von specifischen Bestandtheilen anzusehen ist.

Wie oben bemerkt, wurde auch die bei der Operation der Blase
entnommene Galle mir zur Untersuchung überliefert.

Diese Galle wor fast schwarz, in etwas dünnerer Schicht schwarz-
grün und nach der Verdünnung mit einer hinreichenden Menge Wasser
schön grün. Sie war dickflüssig wie ein Syrup und ziemlich stark fadenziehend. Beim ruhigen Stehen setzte sie einen Bodensatz ab, welcher aus einer feinkörnigen Masse und einer grossen Menge von Cholesterinkrystallen bestand. Diese Masse wurde natürlich vor der Analyse
möglichst gleichförmig in der Flüssigkeit vertheilt. Die Reaction (die
erst nach starkem Verdünnen mit Wasser geprüft werden konnte) war
fast neutral, wenigstens nur sehr schwach alkalisch. Das sp. Gewicht
war 1,04414.

Die Galle hatte folgende Zusammensetzung:

Feste Stoffe	. . . . .	17,032 %
Wasser	. . . . . .	82,968 „

Mucin und Farbstoff	. 4,191 %		
Gallensaure Alkalien .	9,697 „	{	2,740 % Taurocholat 6,957 % Glykocholat
Fettsäuren aus Seifen	. 1,117 „		
Cholesterin	. . 0,986 „		
Lecithin . , ...	. . 0,223 „		
Fett	. . 0,190 „		
Lösliche Salze	. 0,288 „		
Unlösliche Salze	0,222 „		
Alkali an Fettsäuren gebunden und Verlust .	0,118 „		
	17,032 %		

Während die Lebergalle in diesem Falle verhältnissmässig reich
an Schwefel in ætherschwefelsäureähnlicher Bindung war, zeigte die
Blasengalle das auffallende Verhalten, dass sie fast keinen derartigen
Schwefel enthielt. Die Menge des aus 1,368 gm gallensauren Alkalien
nach dem Sieden mit Salzsäure etc. gewonnenen Baryumsulfates betrug
nämlich nicht mehr als 0,006 gm. Nach Abzug von diesem Schwefel
war der Schwefelgehalt der gallensauren Salze 1.69 %, und aus diesem
Werthe berechnet sich die Relation Taurocholat: Glykocholat = 1 : 2,53.

Abgesehen von dem Mangel oder sehr geringen Gehalte an
Aetherschwefelsäuren wichen die gallensauren Alkalien der Blasengalle
auch in einer anderen Beziehung von denjenigen der Lebergalle ab.
Diese letzteren fingen nämlich an bei einer Temperatur etwas über
100° C. sich zu zersetzen unter Ammoniakentwickelung und unter Bildung
von schwefelsaurem Alkali, während die ersteren ein derartiges Verhalten nicht zeigten.

Auf ein anderes, sehr bemerkenswerthes Verhalten muss ich übrigens hier die Aufmerksamkeit lenken, nämlich auf den auffallend geringen
Gehalt dieser Galle an löslichen Salzen. Wie man aus der obigen Zusammenstellung der Analyse ersieht, enthielt nämlich diese Galle nur
0,288 % lösliche Salze, während die von mir analysirten Lebergallen
gewöhnlich etwa 0,8 % lösliche Salze enthielten. Ich glaubte deshalb
auch zuerst, dass hier ein Fehler oder eine Verwechselung vorlag (ob-
gleich ich keines Fehlers mir bewusst war), und aus diesem Grunde
verwarf ich leider die ganze Aschenanalyse. Bei der Ausrechnung der
Analyse fand ich nun indessen, dass hier kein wesentlicher Fehler vor-
liegen konnte, was man auch aus den übrigen gefundenen Werthen erse-
hen kann. Glücklicherweise bin ich später in der Lage gewesen, eine
andere Galle analysiren zu können, die ebenfalls lange Zeit in der Blase
eingeschlossen gewesen war, und auch hier fand ich, wie ich unten
zeigen werde, einen unerwartet niedrigen Gehalt an löslichen Salzen.
Der obige, unerwartet niedrige Werth für die löslichen Salze dürfte also
gewiss nicht von einem Fehler sondern vielmehr von besonderen Resorp-
tionsverhältnissen in der Blase herrühren.

Fall V. I. F. L. Fabrikant, 52 Jahre alt. Diagnose: *Cholelithiasis*(?) Seit
6 Wochen starker Icterus und dumpfe Schmerzen in der Lebergegend. Am 7:ten
April 1892 wurde die Operation (Cholecystotomie) unternommen. Die stark gefüllte
Gallenblase enthielt etwa 200 Cc einer dünnflüssigen aber schleimigen, schwach grünge-
färbten Flüssigkeit, die nicht das Aussehen von Galle hatte. Sowohl der Duct. cysticus
wie der Ductus choledochus waren stark erweitert, aber es fanden sich keine Concremente vor. Das Hinderniss bestand vielmehr, wie die nach dem Tode vorgenommene
Section zeigte, in einem scirrhösen Verschlusse des Gallenganges an der Papilla Va-
teri. Der kranke, welcher kräftig gebaut und sehr fett war, befand sich an den 2
ersten Tagen nach der Operation wohl. Am 3:ten Tage trat bedeutende Herzschwäche
auf, die Kräfte nahmen ab und am 4 Tage starb der Kranke an Herzparalyse. Die
Section zeigte starke Degeneration des Herzens, reichliche Blutergüsse in den serösen
Höhlen und in den Geweben in Folge der durch die Cholämie hervorgerufenen krank-
haften Veränderung der Gefässwände.

Am ersten Tage nach der Operation wurden 525 Cc anscheinend ganz normale Galle aufgesammelt. Diese Galle wurde zu der Untersuchung und der Analyse verwendet. Schon am zweiten Tage war die Galle etwas bluthaltig und konnte also nicht benutzt werden. Diese Galle enthielt zwar reichlich Bilirubin aber dagegen keinen urobilinähnlichen Farbstoff.

Die gallensauren Salze dieser Galle wurden von Essigsäure, Mineralsäuren; $BaCl_2$; $CaCl_2$; $CuSO_4$; Fe_2Cl_6, $AgNO_3$ und Bleizucker, nicht aber von $HgCl_2$ gefällt.

Die Zusammensetzung der Galle war folgende:

Feste Stoffe . . . . 2,449 %
Wasser . . . . 97,551 „

Mucin und Farbstoff	0,877 %
Gallens. alk. und Seifen	0,562 „
Fett und Lecithin	0,022 „
Cholesterin	0,058 „
Lösliche Salze	0,887 „
Unlösliche Salze	0,028 „
Verlust	0,015 „
	2,449 %

Die Bestimmung der als Seifen vorhandenen Fettsäuren verunglückte in diesem Falle. Die Prüfung auf Aetherschwefelsäuren führte zu keinem ganz entscheidenden Resultate und eine gesonderte Bestimmung der Glykochol- und Taurocholsäure konnte wegen Mangels an Material nicht ausgeführt werden.

Die löslichen Mineralstoffe, auf 100 Theile frische Galle berechnet, waren folgende:

Na . . . . . .   0,255 %
K . . . . .   0,128 „
Cl . . . .   0,449 „
SO_4 . . . . 0,039 „
$CO_3 + PO_4$ . . . . . 0,016 „

Rechnet man diese Zahlen auf 100 Theile Asche um, so erhält man: Na 28,74 %; K 14,44 %; Cl 50,576 %; SO_4 4,448 %; CO_3 und PO_4 1,796 %.

Wie oben bemerkt enthielt die Gallenblase in diesem Falle eine dünnflüssige aber schleimige, schwach grüngefärbte Flüssigkeit, die indessen das Aussehen typischer Galle nicht hatte. Bei der näheren Un-

tersuchung erwies es sich, dass diese Flüssigkeit der Hauptsache nach
eine pseudomucinhaltige Salzlösung mit nur sehr kleinen Mengen von
normalen Gallenbestandtheilen war. Die schwach alkalisch reagirende Lösung hatte ein sp. Gewicht
von 1,007 und einen Gehalt von nur 1,355 ^{0} o festen Stoffen. Die Zusammensetzung war folgende:

In Alkohol unlösliche org. Substanz (Mucin)   0,245 ^{0} o
In Alkohol lösliche org. Substanz .   .   0,1275 „
Lösliche Salze . . . .   0,9715 „
Unlösliche Salze . . .   .   0,0120 „

Die in Alkohol lösliche organische Substanz wurde als Differenz
berechnet. Die Gegenwart von gallensauren Alkalien unter den alkohollöslichen Stoffen liess sich durch qualitative Reactionen zeigen; eine
quantitative Bestimmung war aber unausführbar. Die Salze wurden durch
direktes Einäschern bestimmt, was wohl, in Anbetracht der sehr kleinen
Mengen organischer Substanz, keinen wesentlichen Fehler herbeigeführt
haben dürfte.

Die mucinartige Substanz wurde mit Alkohol aus einer grösseren
Portion der Flüssigkeit gefällt. Nach einigen Tagen wurde abfiltrirt;
der zähe Klumpen wurde mit Alkohol wiederholt geknetet und dann mit
Wasser behandelt. Er löste sich hierbei ganz vollständig zu einer schlei-
migen Flüssigkeit, die von dem vielfachen Volumen Alkohol erst nach
Zusatz von ein wenig NaCl wieder gefällt werden konnte. Nach 8 Tagen
wurde der zähe, grobfaserige Niederschlag von dem Alkohol getrennt.
Er löste sich nun wieder ebenso leicht und vollständig wie früher in
Wasser. Die schleimige Lösung gerann beim Sieden nicht. Von Essigsäure wie von Essigsäure und Ferrocyankalium wurde sie gar nicht gefällt und sie verhielt sich kurz gesagt zu Fällungsmitteln ganz wie eine
Pseudomucinlösung. Sie reduzirte nicht direkt, gab aber nach vorheri-
gem Erwärmen mit Salzsäure in dem Wasserbade sehr schöne Reactionen
auf reduzirende Substanz. Die Flüssigkeit in der Gallenblase enthielt
also in diesem Falle nicht Mucin sondern ein Pseudomucin.

Die in Wasser löslichen Mineralstoffe stellten eine volkommen
neutrale Flüssigkeit dar, in welcher weder Kohlensäure noch Phosphorsäure nachgewiesen werden konnte. Die Zusammensetzung der Mineralstoffe, auf 100 Theile Flüssigkeit berechnet, war folgende:

Na . . . . 0,3643 ^{0} o
K . . . . 0,0235 „
Cl . . . . 0,5698 „
SO$_4$ . . . . . . 0,0139 „

Auf 100 Theile lösliche Asche berechnet, wird dies: Na 37,49 $^0/_0$; K 2,42 $^0/_0$; Cl 58,65 $^0/_0$ und SO_4 1,44 $^0/_0$.

Fall VI. L. J. 42 Jahre alt. Dienstmädchen. Die Patientin war mit Ausnahme von heftigen Schmerzen in der Lebergegend gesund und hatte niemals icterische Symptome gezeigt. Sie war kraftvoll und stark gebaut. Am 20:ten April wurde die Operation (Cholecystotomie) wegen der heftigen Schmerzen in der Lebergegend vorgenommen Es waren hierbei weder in der Gallenblase noch in den grossen Gallengängen einige Concremente zu finden. Dagegen bestanden zwischen der Blase und den angrenzenden Organen zahlreiche Adhærenzen, die gelöst wurden. Durch die Operation wurde die Kranke von den Schmerzanfällen vollständig befreit und sie konnte nach einiger Zeit das Krankenhaus verlassen. Sie ist fortwährend ganz gesund.

Das Aufsammeln der zur Untersuchung bestimmten Galle fing in diesem Falle erst mehrere Tage nach der Operation, oder am 28:ten April, an. Da nun die Operation an sich von keinen lästigen Zufällen begleitet war und da es hier um eine gesunde und kräftige Person sich handelte, dürfte wohl diese Galle als normale Lebergalle zu betrachten sein. Hierfür spricht wohl vor Allem die später zu besprechende Zusammensetzung derselben.

Auch in diesem Falle ging die Galle zum Theil in den Darm über und zum Theil wurde sie von dem Verbande aufgenommen. Die durch das Drainagerohr ausfliessende Galle repräsentirt also nur einen Theil der abgesonderten.

Die Menge der aufgesammelten Galle und deren Gehalt an festen Stoffen während 10 Beobachtungstage waren folgende:

Tag	Menge der Galle	Sp. Gew.	Feste Stoffe
April 28—29	125 Cc	1,0106	3,14 $^0/_0$
Maj 1—2	375 Cc	1,0106	3,125 „
„ 2—3	178 Cc	1,0113	3.520 „
„ 3—4	182 Cc	1.0117	3,665 „
„ 4—5	250 Cc	1,0117	3,610 „
„ 5—6	205 Cc	1,01198	3,860 „
„ 6—7	180 Cc	1,0099	3,010 „
„ 7—8	215 Cc	1,0111	3,338 „
„ 8—9	250 Cc	1,0108	3,235 „
„ 9—10	65 Cc	1,0990	3,080 „

Wie man aus dieser Zusammenstellung ersieht, hatte die Galle Tag für Tag eine nur wenig schwankende Zusammensetzung mit stets über 3 $^0/_0$ festen Stoffen. Dieser hohe Gehalt an festen Stoffen dürfte wohl auch zeigen, dass es hier um die Secretion einer normalen Galle sich handelte.

Die Galle war während der ganzen Beobachtungszeit braungelb und nahm an der Luft rasch eine grünliche Färbung an. Sie war ziemlich dickflüssig und fadenziehend aber regelmässig klar ohne Schleimklümpchen. Ausser dem Bilirubin enthielt die Galle auch den urobilinähnlichen Farbstoff.

Die gallensauren Salze dieser Galle wurden von Essigsäure oder verdünnten Mineralsäuren leicht gefällt. Sie wurden ferner gefällt von $BaCl_2$; $CaCl_2$; $CuSO_4$; Fe_2Cl_6; $AgNO_3$ und Bleizucker, nicht aber von $HgCl_2$.

Behufs der quantitativen Analyse wurden von dieser Galle während der 6 ersten Tage genau abgemessene Mengen in Alkohol aufgefangen, und im Übrigen wurde in der, Pag. 10 oben angegebenen Weise verfahren. Die unten angeführten Zahlen geben also die mittlere Zusammensetzung der Galle während dieser Tage an.

Die Zusammensetzung dieser Galle war folgende:

Feste Stoffe	3,526 %	
Wasser	96,474 „	

Mucin und Farbstoff	0,4920 %	
Gallensaure Alkalien . .	1,8240 „	$\left\{\begin{array}{l}0,2079 \text{ % Taurocholat} \\ 1,6161 \text{ % Glykocholat}\end{array}\right.$
Fettsäuren (aus Seifen)	0,1360 „	
Cholesterin	0,1600 „	
Lecithin	0,0574 „	
Fett	0,0956 „	
Lösliche Salze	0,6760 „	
Unlösliche Salze	0,0490 „	
Natrium an Fettsäuren gebunden und Verlust .	0,0990 „	
	3,5260 %	

1,215 gm gallensaure Salze gaben nach dem Schmelzen mit Kali und Salpeter 0,0714 gm $BaSO_4$ = 0,8071 % Schwefel.

1,613 gm gallensaure Salze gaben nach dem Sieden mit Salzsäure 0,01514 gm $BaSO_4$ = 0,1288 % Schwefel als Aetherschwefelsäure.

Von dem Gesammtschwefel kamen also rund 16 % auf dem Schwefel der Aetherschwefelsäuren, und die Relation zwischen diesem Schwefel und dem der Taurocholsäure war = 1: 5,27. Die Relation zwischen Taurocholat und Glykocholat war = 1: 7,77.

Der Gehalt an Mineralstoffen, in Procenten von der frischen Galle berechnet, war folgender:

Na	0,2142 %	
K	0,0569 „	

Ca	0,0121 %
Mg	0,0054 „
Fe	0,0044 „
Cl	0,3559 „
SO_4	0,0302 „
PO_4	0,0310 „
CO_3 (als Differenz)	0,0149 „

Aus diesen Zahlen lassen sich für 100 Theile Asche folgende Werthe berechnen: Na 29,52 %; K 7,85 %: Ca 1,67 %; Mg 0,747 %; Fe 0,061 %; Cl 49,09 %; SO_4 4,17 %; PO_4 4,27 %; CO_3 2,06 %.

Fall VII. A. J. 50 Jahre altes Weib, unverheirathet. Diagnos: *Empyema vesicæ felleæ* + *Cholelithiasis.* Schon als 20-jährig hatte die Patientin einen Kolikanfall gehabt. Nach einem heftigen Kolikanfalle am 26:ten Januar 1893 wurde sie in das Krankenhaus aufgenommen. Sie war kräftig gebaut und recht wohlgenährt. Es bestand kein Icterus, und die Fæces waren von normaler Färbung. Bei der am 30:ten Januar vorgenommenen Operation wurde aus der Gallenblase eine reichliche Menge eiteriger Flüssigkeit und daneben auch 15 etwa haselnussgrosse Cholesterinsteine entleert. Der Fall verlief günstig und die Patientin konnte nach einiger Zeit das Krankenhaus als geheilt verlassen.

Die Galle, welche auch in diesem Falle nur zum Theil durch die Drainageröhre nach aussen floss, wurde im Ganzen nur während 4 Tage aufgesammelt. Die Mengen und der Gehalt an festen Stoffen waren folgende.

Tag	Menge der Galle	Sp. Gew.	Feste Stoffe
Januar 31—Febr. 1	400 Cc.	1,0091	2,795 %
Febr. 1--2	208 „	1,0087	2,085 „
„ 2—3	96 „	1,0105	3,130 „
„ 3--4	268 „	1.0090	2,760 „

Da es auch in diesem Falle um eine übrigens gesunde, kräftige Person sich handelte; da die Operation von keinen üblen Folgen begleitet wurde, und da die Galle in Allgemeinen reich an festen Stoffen war, so dürfte wohl auch diese Galle als normale bezeichnet werden können.

Die Galle war während der 4 Tage ziemlich dunkel aber schön gelbbraun gefärbt. Sie enthielt ausser dem Bilirubin auch einen urobilinähnlichen Farbstoff. Sie war ziemlich dickflüssig und schleimig. Der Schleimstoff zeigte das unerwartete Verhalten, dass er nach dem Sieden mit Salzsäure keine sicher nachweisbare reduzirende Substanz gab. Er verhielt sich also nicht wie der Schleimstoff der anderen, von mir untersuchten Menschengallen sondern wie der Schleimstoff der Rindergalle.

Die gallensauren Salze dieser Galle wurden weder von Essigsäure noch von $BaCl_2$ oder $CaCl_2$ gefällt. Dagegen gab ihre Lösung reichliche Niederschläge mit verdünnten Mineralsäuren. $CuSO_4$, Fe_2Cl_6; $AgNO_3$ und Bleizucker.

Behufs der quantitativen Analyse wurden die an den einzelnen Tagen abgemessenen Portionen kalt aufbewahrt, mit einander genau gemischt und nach dem Centrifugiren in gewöhnlicher Weise verarbeitet. Die Zahlen repräsentiren also die mittlere Zusammensetzung der Galle während dieser 4 Tage.

Diese Zusammensetzung war folgende:

Feste Stoffe . . 2,540 ^{0}₀

Wasser . . . . 97,460 „

Mucin und Farbstoff . .	0,515 %	
Gallensaure Alkalien	0,904 „	{0,218 ^{0}₀ Taurocholat {0.686 „ Glykocholat
Fettsäuren (aus Seifen) . . .	0,101 „	
Cholesterin	0,150 „	
Lecithin	0,065 „	
Fett	0,061 ..	
Lösliche Salze	0,725 „	
Unlösliche Salze	0,021 „	
	2,542 %	

Wie man aus dieser Zusammenstellung ersieht, sind die Einzelbestimmungen etwas zu hoch ausgefallen, und der Fehler ist ja thatsächlich grösser als er bei oberflächlicher Betrachtung erscheint, denn es kommt hierzu noch die Menge des an den Fettsäuren der Seifen gebundenen Alkalis. Trotzdem ist der Fehler so klein, dass er ganz ohne Bedeutung wird.

1,0337 gm gallensaure Alkalien gaben nach dem Schmelzen mit Kali und Salpeter 0,108 gm $BaSO_4$ = 1,436 % Gesammtschwefel.

1,0419 gm gallensaure Alkalien gaben nach dem Sieden mit Salzsäure nicht genau wägbare Mengen von $BaSO_4$, und es waren also keine Aetherschwefelsäuren vorhanden. Die Relation zwischen Taurocholat und Glykocholat war = 1 : 3,15.

Es wurden nur die in Wasser löslichen Mineralstoffe analysirt. Die Mengen derselben, auf 100 Theile frische Galle berechnet, waren folgende.

Na . . . . 0,279 ^{0}₀

K . . . . 0,005 „

Cl . . . . 0,411 „

SO_4 . . . . 0,019 „

PO_4 . . . . 0,0086 „

CO_3 (Differenz) . . . . 0,0024 „

100 Theile in Wasser lösliche Mineralbestandtheile enthielten also
Na 38,483 %; K 0,690 %; Cl 56,69 %; SO_4 2,620 %; PO_4 1,186 %
und CO_3 0,331 %.

Auffallend ist in diesem Falle der ausserordentlich geringe Gehalt
an Kalium im Vergleiche mit dem Kaliumgehalte der anderen, von mir
untersuchten Gallen.

Bei der Besprechung des Falles N:o 4 theilte ich auch die Analyse einer in der Blase längere Zeit eingeschlossenen Galle mit und ich
deutete an derselben Stelle an, dass ich auch eine zweite derartige Galle
untersucht habe.

Diese zweite Blasengalle stammte von einem 50 Jahre alten Manne
her, welcher seit 3 Wochen an Icterus gelitten hatte. Die Ursache
hierzu war vollständiger Verschluss des Ausführungsganges in Folge
einer bösartigen Geschwülst im Kopfe des Pankreas. In diesem Falle
wurde nicht die Lebergalle aufgesammelt und analysirt.

Die Blasengalle war fast schwarz, in dünnerer Schicht schwarz-
grün und nach der Verdünnung mit Wasser bräunlich grün. Sie war
dickflüssig, syrupös und stark fadenziehend. Beim Stehen setzte sie
einen Bodensatz ab, welcher aus einer amorfen, feinkörnigen Masse und
reichlichen Mengen von Cholesterinkrystallen bestand. Die Reaction
war nach der Verdünnung mit Wasser fast neutral und jedenfalls nicht
sauer sondern eher sehr schwach alkalisch. Das sp. Gewicht war 1,0388.
Die Menge der Galle war 159 gm.

Die Galle hatte folgende Zusammensetzung.

Feste Stoffe	. . 16,020 %	
Wasser . . .	. . 83,980 „	
Mucin und Farbstoff	. . . . . 4,4379 %	
Gallensaure Alkalien .	. 8,7230 „	{1,934 % Taurocholat {6,789 „ Glykocholat
Fettsäuren (aus Seifen)	1,0580 „	
Cholesterin . . . . .-. . . .	0,8700 „	
Lecithin	. . 0,1410 „	
Fett	. 0,1500 „	
Lösliche Salze	0,3021 „	
Unlösliche Salze	0,2360 „	
Alkali an Fettsäuren gebunden und Verlust	. . 0.1020 „	
	16,0200 %	

1,391 gm gallensaure Alkalien lieferten nach dem Schmelzen mit
Kali und Salpeter 0,150 gm $BaSO_4$ = 1,49 % Gesammtschwefel.

1,776 gm gallensaure Alkalien lieferten nach dem Sieden mit Chlorwasserstoffsäure 0,022 gm $BaSO_4 = 0,1706$ ^{0}/o S in der Form von Aetherschwefelsäuren.

Der als Aetherschwefelsäure vorhandene Schwefel verhielt sich also zu dem Schwefel der Taurocholsäure wie 1 : 7,73 und jener Schwefel betrug also 11,5 ^{0}/o von dem Gesammtschwefel.

Die Relation Taurocholat: Glykocholat war $= 1 : 3,51$.

Die Gallensauren Salze gehörten derjenigen Gruppe an, welche weder von Essigsäure noch von $BaCl_2$ gefällt wird.

Die löslichen Salze dieser Galle, auf 100 Theile frische Galle berechnet, hatten folgende Zusammensetzung.

$$
\begin{aligned}
&\text{Na} \ldots \ldots \ldots \ldots \quad 0,0926 \, ^0/o \\
&\text{K} \ldots \ldots \ldots \ldots \ldots \quad 0,0207 \; „ \\
&\text{Cl} \ldots \ldots \ldots \ldots \ldots \quad 0,0779 \; „ \\
&\text{SO}_4 \ldots \ldots \ldots \ldots \quad 0,0984 \; „ \\
&\text{PO}_4 + \text{CO}_3 \ldots \ldots \ldots \quad 0,0125 \; „
\end{aligned}
$$

100 Theile in Wasser lösliche Mineralstoffe enthielten also: Na 30,65 ^{0}/o; K 6,85 ^{0}/o; Cl 25,79 ^{0}/o; SO_4 32,57 ^{0}/o; $PO_4 + CO_3$ 4,14 ^{0}/o.

Den früher mitgetheilten Analysen der Lebergalle gegenüber finden wir in der Analyse dieser Blasengalle wieder das eigenthümliche Verhalten, dass die löslichen Salze in unerwartet geringer Menge vorhanden sind. Auch die Zusammensetzung der löslichen Salze weicht von dem gewöhnlichen Verhalten insoferne ab, als die Menge der Sulfate grösser als diejenige der Chloride ist, während in der Galle sonst ein umgekehrtes Verhalten obwaltet. Ich komme übrigens zu dem Vergleiche der Lebergalle mit der Blasengalle zurück.

Überblicken wir die oben mitgetheilten Analysen von Lebergallen. so finden wir zuerst, dass die in den Fällen 2 und 4 abgesonderte Galle wohl kaum als normale Lebergalle zu betrachten ist. In beiden Fällen handelte es sich nämlich um ziemlich heruntergekommene Patienten. und dem entsprechend ist auch der Gehalt der Galle an festen Stoffen sehr gering — während der meisten Tage kleiner als 1.5 ^{0}/o. Aus den übrigen Fällen geht dagegen hervor, dass ein Gehalt der Galle an 2—3 ^{0}/o festen Stoffen oder sogar mehr (vergl. besonders den Fall 6) vorkommen kann. Ich glaube also, dass das normale Secret der Leber nicht als Regel so arm an festen Stoffen ist. wie man aus den bisher veröffentlichten Analysen zu schliessen geneigt sein könnte. Nach meiner Ansicht können auch solche Zahlen wie 1,284 ^{0}/o (Yeo und Herroun)

1,423 °/0 (COPEMAN und WINSTON), 1,801 °/0 (MAYO ROBSON) und 1,2—1,527 °/0 feste Stoffe (NOËL PATON and BALFOUR) nicht massgebend für die Beurtheilung der Zusammensetzung normaler Lebergalle sein. Bei der Beurtheilung des Gehaltes der Galle an festen Stoffen darf übrigens der Umstand nicht übersehen werden, dass dieser Gehalt bekanntlich sinkt, wenn, wie dies oft bei Gallenfisteln der Fall ist, die Haptmenge der Galle nach aussen fliesst. Es liegt also auf der Hand, dass die aus Fisteln ausfliessende Galle, besonders wenn die Fistel längere Zeit offen bleibt, ärmer an festen Stoffen als die normale Lebergalle werden muss. Allem Anscheine nach kann wohl auch die Lebergalle bei verschiedenen Individuen eine wechselnde Zusammensetzung haben; und ich will also nicht aus meinen Analysen bestimmte Schlüsse bezüglich der normalen mittleren Zusammensetzung der menschlichen Lebergalle ziehen. Ich finde es nur wahrscheinlich, dass die Lebergalle gesunder Menschen regelmässig mehr als 2 °/0 feste Stoffe enthält, und nach dem Falle 6 zu schliessen kann dieser Gehalt gegen 4 °/0 betragen.

Über die Menge der abgesonderten Galle geben meine Beobachtungen aus früher erörterten Gründen keine brauchbaren Aufschlüsse. Dass eine Absonderung war 600 Cc Galle oder sogar mehr im Laufe von 24 Stunden geschehen kann, geht aus dem Falle 4 hervor. In einem 8:ten. ebenfalls von Professor LENNANDER operirten Falle habe ich die Absonderung von 800—950 Cc Galle pro 24 Stunden beobachtet. In diesem Falle hatte die Galle indessen nur einen Gehalt von 1,2—1,4 °/0 festen Stoffen, weshalb ich auch eine weitere Untersuchung dieser Galle nicht gemacht habe. Die Messung der abgesonderten Galle in solchen Fällen, wo die Menge der festen Stoffe etwa 1,5 °/0 oder weniger beträgt. hat indessen nach meiner Ansicht für die Beurtheilung der normalen Secretionsgrösse nur wenig Werth. In solchen Fällen handelt es sich nämlich nicht um die Absonderung wahrer Galle, sondern um die Absonderung einer schleimhaltigen Salzlösung mit nur sehr kleinen Mengen specifischer Gallenbestandtheile.

Über die qualitativen Reactionen der untersuchten Gallen habe ich schon eingangs das Wichtigste mitgetheilt und ich will also hier nur einige Punkte bezüglich der quantitativen Zusammensetzung hervorheben.

In erster Linie tritt uns hierbei der Schwefelgehalt entgegen. In 2 Fällen (N:ris *1* und *5*) konnte keine besondere Prüfung der Lebergalle auf die Gegenwart von Aetherschwefelsäuren gemacht werden. Unter den 5 übrigen kamen zwei Fälle (N:o *3* und *7*) vor, in welchen der

Nachweis von Schwefel als Aetherschwefelsäure nicht gelang. Die beiden Blasengallen verhielten sich verschieden. In dem Falle N:o *4* enthielt die Blasengalle keine sicher nachweisbare Aetherschwefelsänre, trotzdem solche in der Lebergalle vorkam. Wie dies zu erklären ist, weiss ich nicht. Vielleicht hatte eine Resorption oder eine Zersetzung der Aetherschwefelsäure während des Aufenthaltes der Galle in der Blase stattgefunden. Für die letztere Möglichkeit spricht der Umstand, dass die 2:te von mir analysirte Blasengalle, die verhältnissmässig ärmer an Aetherschwefelsäure als die Lebergallen war, einen unerwartet hohen Gehalt an Sulfaten zeigte. Übrigens scheint die Aetherschwefelsäure kein constanter Bestandtheil der Lebergalle zu sein, indem sie nämlich in den Fallen *3* und *7* fehlte.

In Procenten von dem Gesammtschwefel berechnet betrug der Schwefel der Aetherschwefelsäuren in den Fällen *2*, *4* und *6* beziehungsweise 25 %; 38 % und 16 %.

Das Verhältniss zwischen Schwefel in Aetherschwefelsäuren und Schwefel in der Taurocholsäure war in den verschiedenen Fällen folgendes.

$$\text{Fall } 2 = 1:3,05$$
$$\text{„ } 4 = 1:2,706$$
$$\text{„ } 6 = 1:5,27$$

In der zweiten Blasengalle war dies Verhältniss = $1:7,73$.

Alle die untersuchten Gallen enthielten sowohl Glykochol- wie Taurocholsäure, jene in viel grösserer Menge als diese. Das Verhältniss Taurocholat : Glykocholat war in den verschiedenen Gallen folgendes.

$$\text{Lebergalle } 1 = 1: 3,53$$
$$\text{„ } 2 = 1: 6,99$$
$$\text{„ } 3 = 1: 2,068$$
$$\text{„ } 4 = 1:14,36$$
$$\text{„ } 5 = \text{(nicht bestimmt)}$$
$$\text{„ } 6 = 1: 7,77$$
$$\text{„ } 7 = 1: 3,15$$
$$\text{Blasengalle } 1 = 1: 2,53$$
$$\text{„ } 2 = 1: 3,51$$

Der Übersicht halber lasse ich hier eine tabellarische Zusammenstellung sämmtlicher Analysen folgen. Die Zahlen beziehen sich auf 100 Theile Galle.

	Lebergallen							Blasengallen	
	N:o 1	2	3	4	5	6	7	N:o 1	2
Feste Stoffe	1,6260	2,0604	2,5200	2,8400	2,4490	3,5260	2,5400	17,0320	16,0200
Wasser	98,3740	97,9396	97,4800	97,1600	97,5510	96,474	97,4600	82,9680	83,9800
Mucin und Farbstoff	0,3610	0,2760	0,5290	0,9100	0,8770	0,4290	0,5150	4,1910	4,4379
Gallensaure Alkalien	0,2618	0,8470[2]	0,9310	0.8140	0,5620[4]	1,8240	0,9040	9,6970	8,7230
Taurocholat	0,0578[1]	0,106[3]	0,3034	0,0530		0,2079	0,2180	2,7400	1,9340
Glykocholat	0,2040	0,711	0,6276	0,7610		1,6161	0,6860	6,9570	6,7890
Fettsäuren aus Seifen	0,0410		0,1230	0,0240		0,1360	0,1010	1,1170	1,0580
Cholesterin	0,048	0,0780	0,0630	0,0960	0,0580	0,1600	0,1500	0,9860	0,8700
Lecithin	0,021	0,0280	0,0220	0,0480	0,0220	0,0574	0,0650	0,2230	0,1410
Fett				0,0806		0.0956	0,0610	0,1900	0,1500
Lösliche Salze	0,845	0,8020	0,8070	0,8051	0,887	0,6760	0,7250	0,2880	0,3021
Unlösliche Salze	0,035	0,0202	0,0250	0,0411	0.028	0,0490	0,0210	0,2220	0,2360

Die Menge der Mineralstoffe ist in der Lebergalle etwa dieselbe
wie in den Transsudaten und den thierischen Säften überhaupt. In
grösster Menge kommen unter den Mineralstoffen die Chloride vor. Das
Natrium ist dem Kalium gegenüber vorherrschend; aber es findet sich
in meinen Fällen keine constante Relation zwischen beiden. Im Gegentheil schwankt diese Relation sehr bedeutend. So enthielt z. B. die
Galle N:o 7 nur äussert wenig Kalium, und die Relation $K:Na$ war in
diesem Falle $= 1:55,8$, während wir dagegen in der Galle N:o 5 die
Relation $= 1:2$ finden. Die Gallen enthielten regelmässig præformirte
Sulfate und Phosphate; deren Mengen waren aber gering. Die Menge
des Eisens wurde nur 3 Mal, nämlich in den Fällen 2, 3 und 6 bestimmt.
Der Gehalt der frischen Lebergalle an Eisen war in diesen Fällen bezw.
0,0018; 0,0030 und 0,0044 %. Dieser Gehalt ist kleiner als der von einigen Forschern in der Menschengalle gefundene, wobei indessen zu bemerken ist, dass meine Zahlen auf Lebergalle und nicht auf Blasengalle
sich beziehen.

Bei einem Vergleiche zwischen den Lebergallen einerseits und
den zwei, längere Zeit in der Blase eingeschlossenen Gallen andererseits
findet man zunächst einen sehr bedeutenden Unterschied in dem Gehalte
an festen Stoffen. Während die concentrirteste der beobachteten Leber-

---

[1] Die Menge des Glykocholats und Taurocholats nicht in derselben Portion Galle bestimmt
sondern aus den p. 20 angeführten Zahlen berechnet.

[2] Die Seifen mit eingerechnet.

[3] Die Menge des Glykocholats nicht in derselben Portion wie die Gallensauren Salze bestimmt
sondern aus den p. 22 angeführten Zahlen berechnet.

[4] Einschliesslich die Seifen.

gallen einen Gehalt von 3,860 $^0/_0$ festen Stoffen hatte, findet man dagegen in den Blasengallen 16—17 $^0/_0$ feste Stoffe. Der Unterschied rührt
wohl hauptsächlich daher, dass in der Blase eine Resorption von Wasser
stattgefunden hat; aber hierzu kommt noch die Beimengung von Blasen-
schleim. Diese Concentration in der Blase betrifft sämmtliche Gallenbestandtheile mit Ausnahme von den löslichen Salzen, oder richtiger
den Chloriden. Beide Blasengallen enthielten nämlich eine auffallend
kleine Menge von löslichen Salzen, und die Analyse dieser Salze in dem
Falle 2 zeigt, dass diese Salze ihrer grössten Menge nach aus Sulfaten
und nicht aus Chloriden bestehen. In der Lebergalle findet sich regelmässig bedeutend mehr Chloride als Sulfate und die Relation $SO_4:Cl$
schwankt in den verschiedenen Gallen zwischen 1:9 und 1:21,6. In der
Blasengalle N:o 2 war dieses Verhalten dagegen rund = 1:0,8. Wenn
hier kein Zufall vorliegt und wenn es erlaubt wäre, aus einer einzigen
Analyse Schlüsse zu ziehen, so würde man wohl aus dieser Analyse den
Schluss ziehen wollen, dass die Resorption in der Gallenblase besonders
das Wasser und die Chloride betrifft. Dass in beiden Blasengallen der
Gehalt an Chloriden bedeutend niedriger als in dem Blute oder in der
Lymphe ist. folgt schon daraus, dass der Gesammtgehalt an löslichen
Salzen in diesen Gallen nur 0,288—0,302 $^0/_0$ beträgt. Bei der Resorption
der Chloride in der Gallenblase kann es sich wohl also nicht um eine
einfache Diffusion handeln, sondern die Cellen selbst scheinen hier. wie
überall bei derartigen Processen, activ betheiligt zu sein. Das nun Ge-
sagte gilt natürlich nur unter der Voraussetzung, dass die beiden analysirten Lebergallen bezüglich des Gehaltes an löslichen Salzen keine
besonderen Ausnahmefälle darstellen. In wie weit dies der Fall sei
oder nicht, darüber müssen fortgesetzte Untersuchungen entscheiden.

www.ingramcontent.com/pod-product-compliance
Lightning Source LLC
Chambersburg PA
CBHW022029190326
41519CB00010B/1644